PROTECCION DE EDIFICIOS
CONTRA INCENDIO

ING. NESTOR PEDRO QUADRI

Profesor:
Facultad de Ingeniería, Universidad de Morón.
Facultad de Buenos Aires, Universidad Tecnológica Nacional
Facultad de Avellaneda, Universidad Tecnológica Nacional
Facultad de Arquitectura, Universidad de Belgrano
Jefe de Normas y Proyectos de Luz y Fuerza y Aire Acondicionado, Telecom Argentina S.A.

NESTOR PEDRO QUADRI

PROTECCION DE EDIFICIOS CONTRA INCENDIO

LIBRERIA Y EDITORIAL ALSINA

Paraná 137 - Tel.: 40-9309 - Buenos Aires

1992

IMPRESO EN ARGENTINA

I.S.B.N.: 950-553-040-4

Composición y armado:
Hernán Díaz

Dibujos:
César Bianchi

INDICE GENERAL

PROLOGO

Se ha tratado de efectuar una descripción global de los sistemas de protección contra incendio en los edificios, teniendo en cuenta las disposiciones reglamentarias que rigen en este tema.

De esa manera, se ha analizado el proceso del incendio, los medios para prevenirlos y combatirlos, las formas de escape y evacuación, las condiciones constructivas, sistemas de detección y extinción, los equipos portátiles e instalaciones fijas, así como las normas de diseño que permitan la realización del proyecto, y la adopción de medidas de prevención adecuadas.

En su elaboración se han tenido en cuenta la Reglamentación de la Ley de Higiene y Seguridad en el Trabajo, Código Municipal de la Ciudad de Buenos Aires, Normas IRAM del Instituto Argentino de Racionalización de Materiales, Disposiciones de la Cámara de Aseguradores, Superintendencia de Bomberos de la Capital, Obras Sanitarias de la Nación, Gas del Estado, reglamentación de la Asociación Electrotécnica Argentina, etc.

Además, se han considerado las recomendaciones establecidas en la bibliografía existente y en datos y especificaciones de fabricantes de materiales y equipos de nuestro país y el extranjero.

Esta publicación está destinada a profesionales y técnicos de la Industria de la Construcción, con el fin de divulgar los conocimientos básicos destinados a adoptar las medidas necesarias de seguridad para prevenir incendios en los edificios.

EL AUTOR

INTRODUCCION

CARACTERISTICAS DEL INCENDIO

Se define *incendio* a un fuego de cierta magnitud, que abraza lo que no está destinado a arder.

Es indudable la importancia de este tipo de siniestro que origina periódicamente graves daños y víctimas, por lo que es necesario tomar las medidas adecuadas de prevención ya en la fase inicial del proyecto del edificio.

A primera vista pareciera que una construcción moderna hecha de hormigón armado o acero, con muros o tabiques de albañilería, fuese totalmente incombustible y en consecuencia a prueba de incendio.

Sin embargo, la experiencia demuestra que el fuego puede producirse en mayor o menor grado en cualquier tipo de edificación y ningún ambiente está seguro ante tal eventualidad.

En efecto, el uso de inflamables, aparatos de calefacción, la aplicación generalizada de artefactos electrodomésticos y fundamentalmente la desaprensión hacia el peligro de incendio son causas que contribuyen al origen del siniestro.

El alimento del cual se nutre un incendio son los materiales plásticos, maderas, pinturas, papeles, alfombras, tapizados, decoraciones, etc.

PRINCIPIOS BASICOS DE LA PROTECCION CONTRA INCENDIOS

La idea básica relacionada con la protección contra incendio consiste en que los ocupantes del edificio no sufran ningún daño, permitiendo evacuar rápidamente por sus propios medios y llegar hasta un lugar seguro.

Como segunda instancia se encara la posibilidad de proteger el propio edificio y sus instalaciones.

Para ello, debe cumplimentarse un conjunto de condiciones constructivas, instalación y equipamiento que tiendan a lograr los siguientes objetivos:

- Dificultar la gestación de incendios.
- Evitar la propagación del fuego y los efectos de gases tóxicos.
- Permitir la permanencia de los ocupantes del edificio hasta su evacuación.
- Facilitar el acceso y las tareas de evacuación por parte del personal de Bomberos.
- Proveer las instalaciones de detección y extinción.

La protección contra incendios comprende tres aspectos básicos que son:

- Protección preventiva.
- Protección pasiva o estructural.
- Protección activa o extinción.

Protección preventiva

Su objetivo es *evitar el origen* del incendio y se ocupa del análisis de las instalaciones eléctricas, gas, calefacción, hornos, chimeneas, uso de inflamables y de cualquier otro elemento o equipo susceptible de originar directa e indirectamente un incendio.

Protección pasiva o estructural

Su objetivo es *impedir la propagación de los incendios* y comprende dos condiciones que se deben cumplir en los edificios:

- *Situación* de los edificios en cuanto a su emplazamiento.
- *Construcción* de los edificios e instalaciones en general, resistencia al fuego de los materiales y elementos, subdivisiones, muros cortafuego, puertas contra incendio, medios de escape, etc.

Protección activa o extinción

Su objetivo es la *extinción de los incendios* y trata lo relacionado a:

- Equipos manuales de extinción o matafuegos.
- Equipos de mediana envergadura o carros.

- Instalaciones fijas contra incendio (agua, anhidrido carbónico, polvo químico y otras).
- Instalaciones de alarma, avisadores, detectores.
- Iluminación de emergencia.

Además comprende la capacitación del personal para la lucha contra el fuego, en forma eficaz y coordinada.

La Reglamentación de la Ley de Higiene y Seguridad en el Trabajo, así como el Código Municipal de la Ciudad de Buenos Aires, establecen diversas condiciones generales y específicas que se deben tener en cuenta en los edificios para lograr una adecuada protección contra incendio.

Así, en función de los *usos de los edificios* cuyas características se detallan en la planilla del cuadro 1, y de los *riesgos de incendio* implícitos, se establece el cumplimiento de determinadas *condiciones generales y específicas de construcción, situación y extinción* que se desarrollarán en los diversos Capítulos.

CUADRO 1. TIPOS DE EDIFICIOS QUE COMPRENDEN LOS USOS.

Usos	Comprende
Vivienda Residencia Colectiva	Casa de Familia - Casa de Departamentos.
Banco	Cooperativa de Crédito - Entidades Financieras - Crédito de Consumo.
Hotel	Hotel en cualquiera de sus denominaciones - Casas de Pensión.
Actividades administrativas	Edificios del Estado - Seguridad - Oficinas Privadas - Casas de Escritorio.
Sanidad y Salubridad	Policlínico - Sanatorio - Preventorio - Asilo - Refugio - Maternidad y Clínica - Casas de Baños - Caridad.
Educación	Institutos de Enseñanza - Escuela - Colegio - Conservatorio - Guardería Infantil.
Espectáculos y Diversiones (otros rubros)	Casa de Baile - Feria - Microcine - Circos (cerrados) - Club - Asociación Deportes.
Actividades Culturales	Biblioteca - Archivo - Museo - Auditorio Exposición - Estudio Radiofónico - Salas de Reuniones.

CAPITULO I

PROCESO DEL INCENDIO

COMBUSTION

Se denomina *combustión* a la combinación química de un cuerpo con oxígeno, cuando se produce con desprendimiento de calor.

Los componentes esenciales de los combustibles sólidos, líquidos y gaseosos son el *carbono* y el *hidrógeno* que se combinan con el aire, quien les proporciona el *oxígeno como comburente*.

En los combustibles existe además azufre y algunos otros elementos en pequeñas proporciones.

La combustión puede *automantenerse* como una *reacción en cadena* mientras haya oxígeno y combustible en cantidades suficientes.

Para que pueda producirse o iniciarse la combustión es necesario que exista una temperatura suficientemente elevada denominada *temperatura de ignición*, que depende de la substancia combustible.

Si por cualquier causa la temperatura desciende por debajo de la de ignición, la combustión se extingue.

Este es el fundamento de que se arroje agua al fuego, dado que la misma, al tomar calor para elevar su temperatura y convertirse en vapor, produce el descenso de temperatura del combustible por debajo de la ignición.

Para los líquidos inflamables esta temperatura se denomina *punto de inflamación momentánea*, que es la temperatura mínima a la cual emite suficiente cantidad de vapor para formar con el aire una mezcla, capaz de arder cuando se aplica una fuente de calor suficiente y adecuada.

Las substancias combustibles que contienen gran proporción de carbono, al arder, necesitan considerables cantidades de oxígeno.

Si no lo consiguen del aire circundante, liberan parte del carbono formando *monóxido de carbono* altamente tóxico y grandes proporciones de humo compuesto por carbono puro fuertemente dividido. Tal el caso de la combustión de muchos plásticos, textiles y maderas.

Las reacciones termoquímicas del carbono son las siguientes:

Si la combustión es completa:

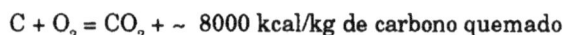

$$C + O_2 = CO_2 + \sim 8000 \text{ kcal/kg de carbono quemado}$$

o sea se produce anhidrido carbónico con desprendimiento de calor.

Si la combustión es incompleta por falta de oxígeno, se forma monóxido de carbono altamente tóxico como se había mencionado precedentemente:

$$C + 1/2 \, O_2 = CO + \sim 2500 \text{ kcal/kg de carbono quemado}$$

A su vez el hidrógeno muy ávido de oxígeno, forma directamente agua, desprendiendo gran cantidad de calor:

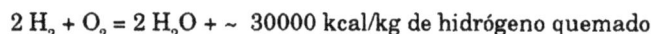

$$2 \, H_2 + O_2 = 2 \, H_2O + \sim 30000 \text{ kcal/kg de hidrógeno quemado}$$

El azufre al quemarse produce anhidrido sulfuroso, que constituye un gas irritante y tóxico según la ecuación:

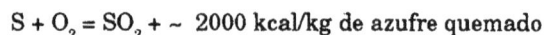

$$S + O_2 = SO_2 + \sim 2000 \text{ kcal/kg de azufre quemado}$$

Producción de llama

En un hogar de carbón suele, en forma esporádica, aparecer llamas sobre su superficie, pero la mayoría del tiempo el fuego arde sin ellas.

Las llamas se originan cuando los gases arden en combinación con el oxígeno del aire, desprendiendo luz y calor, pero no existe ninguna regla fija para los sólidos pudiendo arder con llamas o sin ellas.

Sin embargo, si la temperatura se eleva suficientemente para que parte del sólido se vaporice, el mismo arde con llama. De ese modo, *si no se desprenden vapores no es posible que exista llama.*

Por ejemplo, para conseguir que un trozo de cera arda con llama se le introduce una mecha transformándola en una vela, al encender ésta, parte de la cera se funde y asciende por capilaridad por la mecha.

De esa manera la punta de la mecha se hace incandescente y el calor generado *vaporiza parte de la cera*, produciendo la llama.

Combustión espontánea

El calentamiento de distintos elementos puede producirse por procesos químicos y bacteriológicos, sin la intervención de fuente de calor externo.

Se distinguen varias formas:

- Combinación de una substancia con un agente atmosférico.
- Acción de microorganismos.
- Reacción de substancias con el agua.
- Descomposición simple, etc.

Si la disipación del calor producido no es suficiente, la temperatura puede aumentar hasta sobrepasar el punto de ignición de la substancia, pudiendo ser origen de un proceso de combustión espontánea.

Puede ocurrir ello, cuando existe un inadecuado almacenamiento de materiales de características particulares, sin una compartimentación correcta, cuando no se cuenta con medios de ventilación suficientes, etc.

Factores que originan el incendio

Para que se produzca un incendio, se desarrolle y propague, es necesario que concurran tres factores simultáneamente:

- Existencia de *materiales combustibles* en cantidades suficientes.
- Presencia de *aire o comburente*.
- *Temperatura de ignición* de los materiales.

Materiales combustibles

El edificio contiene en sí mismo numerosos materiales más o menos combustibles que en caso de incendio constituyen un peligro.

Se pueden mencionar entre otros:

- *Elementos de metal estructural no protegido.*
- *Plástico o madera sintética y natural:* pisos, tabiques, divisiones, estanterías, cielorrasos armados, puertas, ventanas, etc.
- *Materiales de terminación de origen orgánico:* pintura, papeles, textiles o cueros naturales y sintéticos.
- *Decoración y amueblamiento y elementos de uso:* cortinajes, alfombras, tapices, cuadros, muebles, relleno de espuma u otros materiales orgánicos, libros, ropa y textiles, vajilla plástica, etc.
- *Productos alimenticios:* granos, harina, pan, azúcar, aceite, licores, etc.

- *Productos fármacos:* alcohol, algodón, perfumes, cosméticos, etc.
- *Combustibles:* kerosene, gas licuado, alcohol de quemar, etc.
- *Varios:* solventes para limpieza, cera para pisos, insecticidas líquidos, etc.

Todos estos componentes que en mayor o menor proporción se encuentran en un edificio habitado, representan elementos que pueden dar origen a un incendio.

Aire o comburente

El aire contiene el comburente que es el oxígeno para producir la combustión.

El mismo se renueva siempre en un recinto aunque se encuentre cerrado, debido a las infiltraciones que se producen a través de ventilaciones, juntas o rendijas de puertas o ventanas.

De esa manera puede originarse un incendio con poco aire, hasta que provoque el derribamiento de una puerta o ventana que son los elementos más débiles, incrementándose en esa forma bruscamente la intensidad del fuego.

Temperatura de ignición

Se había mencionado que la temperatura de ignición es típica para cada elemento en particular.

En el cuadro 1-I se indican valores de temperatura de ignición de diversas substancias.

CUADRO 1-I. TEMPERATURA DE IGNICION DE SUBSTANCIAS

Substancia	Temperatura de ignición (° C)	Substancia	Temperatura de ignición (° C)
Tejido de algodón	240	Hidrógeno	570
Aluminio en polvo	950	Tejido de lana	200
Trozos de carbón	200	Magnesio en polvo	880
Diesel-Oil	270	Metano	540
Estaño en polvo	840	Monóxido de carbono	620
Nafta común	285	Papel de diario	230
Pino blanco	205	Madera de cedro	190
Propano	470	Querosene	240
Roble	210	Etano	500

Temperaturas muy superiores a éstas se alcanzan por el simple roce en fósforos, colillas de cigarrillos, chispas eléctricas y metales calientes como planchas eléctricas, tostadores, lámparas, conductores eléctricos sobrecargados, aparatos de calefacción recalentados, etc.

Inicio del incendio

La confluencia de los tres factores indicados anteriormente y especialmente la temperatura de ignición en presencia de material combustible es el punto de inicio de la *reacción termoquímica de la combustión en cadena* que origina el incendio.

En el esquema del cuadro 2-I se muestra la reacción termoquímica de la combustión y en la figura 1-I se indica la forma convencional de representación.

CUADRO 2-I. REACCIÓN TERMOQUÍMICA DE LA COMBUSTIÓN

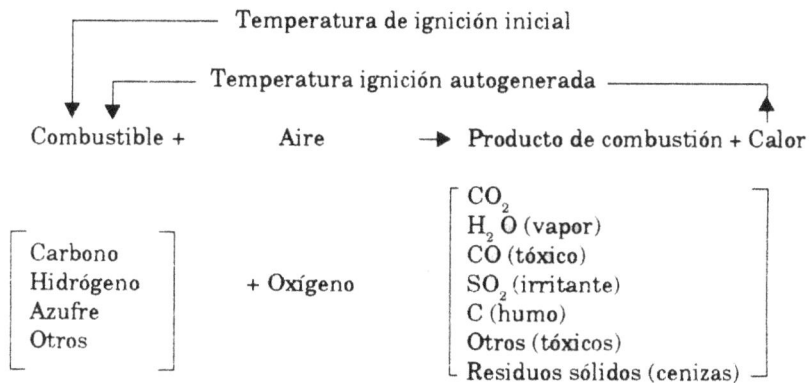

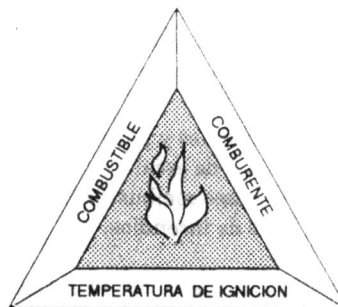

Temperatura de ignición inicial

Temperatura ignición autogenerada

Combustible +   Aire   →   Producto de combustión + Calor

$$
\begin{bmatrix} \text{Carbono} \\ \text{Hidrógeno} \\ \text{Azufre} \\ \text{Otros} \end{bmatrix} + \text{Oxígeno} \quad \begin{bmatrix} CO_2 \\ H_2O \ (\text{vapor}) \\ CO \ (\text{tóxico}) \\ SO_2 \ (\text{irritante}) \\ C \ (\text{humo}) \\ \text{Otros (tóxicos)} \\ \text{Residuos sólidos (cenizas)} \end{bmatrix}
$$

Fig. 1-I. Triángulo de la combustión

De los tres factores, la cantidad de materiales combustibles que posee el edificio es el más importante y sobre él pueden ejercerse cierto grado de control, que sirve para la preservación de los incendios.

Debe indicarse que aún cuando se tomen previsiones en cuanto al diseño, sistemas de detección y ataque contra el fuego, si los materiales combustibles del edificio están en alta proporción, es muy difícil detener un incendio ya iniciado.

Causas de incendio

Las causas de incendio en los edificios son en general las siguientes:

* Instalaciones eléctricas sin el adecuado nivel de protección, viejas o sobrecargadas.
* Mala instalación de dispositivos de calefacción, calderas, etc.
* Operación con líquidos o gases inflamables.
* El sol por efecto de lupa en vidrios o líquidos.
* Rayos.
* Combustión espontánea de materiales o elementos depositados.
* Negligencia humana.
* Sabotajes.
* Elementos que provoquen explosión.
* Desorden y descuido así como falta de vigilancia.
* Electricidad estática.
* Carencia de elementos de extinción o detección.
* Trabajos con fuego, por ejemplo sopletes.

Desarrollo del incendio

Una vez iniciado el incendio, el fuego se mantiene en el lugar de origen, sin peligro para el resto del edificio, en la medida que los muros, cielorrasos, pisos, ventanas y puertas resistan su acción.

Cuando es liberado, el fuego puede tomar dos caminos:

* Por el exterior rompiendo ventanales y penetrando en los pisos próximos.
* Por el interior a través de la caja de escalera y otros conductos que haciendo *efecto chimenea*, conducen los gases combustibles, humos y chispas a los pisos superiores, creando otros focos de incendios.

La producción de humo impide la acción de escape de los ocupantes del edificio y la de salvataje de los bomberos.

El *monóxido de carbono* debido a la combustión incompleta del carbono, es altamente tóxico representando un severo peligro para las personas.

Además, tanto el humo como el monóxido de carbono son combustibles, por lo que en combinación con nuevas cantidades de aire fresco y a temperaturas de ignición adecuadas, entran nuevamente en combustión.

Las temperaturas que producen en los locales que se incendian son muy variables dependiendo de:

- Tiempo de actuación del fuego.
- Poder calorífico de los materiales combustibles.
- Cantidad de combustible del recinto.
- Grado de compartimentación de dichos materiales.
- Cantidad de aire de alimentación del fuego.

En focos iniciales pueden producirse temperaturas medias de 300 a 500°C, pero éstas pueden llegar en el frente de avance a más de 1000°C.

Estos factores permiten el estudio del comportamiento al fuego de los materiales y elementos de la construcción, con inclusión de los elementos como revestimientos, acabados, decoración y otras aplicaciones fijas a la estructura, así como los medios de escape y protección contra el humo, compartimentaciones, cerramientos, etc., por el cual se establecen criterios para su extinción o evitar su propagación.

RIESGO DE INCENDIO

Se entiende por *riesgo de incendio*, un número adimensional que permite considerar diversas categorías, en virtud de los materiales empleados en relación con su comportamiento ante el fuego.

Así pueden establecerse siete tipos de riesgos de acuerdo a la siguiente clasificación:

- Riesgo 1: Materiales explosivos.
- Riesgo 2: Materiales inflamables.
- Riesgo 3: Materiales muy combustibles.
- Riesgo 4: Materiales combustibles.
- Riesgo 5: Materiales poco combustibles.
- Riesgo 6: Materiales incombustibles.
- Riesgo 7: Materiales refractarios.

Riesgo 1: Materiales explosivos

Son substancias o mezcla de substancias susceptibles de producir en forma súbita una reacción exotérmica con generación de grandes cantidades de gases.

Ejemplo: diversos nitroderivados orgánicos, pólvoras, determinados ésteres nítricos y otros similares.

Riesgo 2: Materiales inflamables

- Se pueden clasificar en dos tipos:

• Inflamables de primera categoría.
• Inflamables de segunda categoría.

Inflamables de primera categoría

Son líquidos que pueden emitir vapores que, mezclados en proporciones adecuadas con el aire, originan mezclas combustibles, siendo su punto de inflamación momentáneo, inferior a 40°C.

Ejemplo: alcohol, éter, nafta, bensol, acetona, etc.

Inflamables de segunda categoría

Son líquidos que pueden emitir vapores, los que mezclados en proporciones adecuadas con el aire originan mezclas combustibles, estando su punto de inflamación momentáneo, comprendido entre 41 y 120°C.

Ejemplo: kerosene, aguarrás, ácido acético, etc.

Equivalencias de líquidos inflamables

A los efectos del riesgo de incendio se establece una equivalencia entre los distintos tipos de líquidos inflamables, de acuerdo a lo siguiente:

• 1 litro de inflamable de primera categoría no miscible en agua es equivalente a 2 litros de igual categoría miscible en agua.
• Cada una de las cantidades anteriores son equivalentes a 3 litros de inflamable similar de segunda categoría.

Riesgo 3: Materiales muy combustibles

Son materias que expuestas al aire, pueden estar encendidas y continúan ardiendo una vez retirada la fuente de ignición.

Ejemplo: hidrocarburos pesados, madera, papel, tejidos de algodón, etc.

Riesgo 4: Materiales combustibles

Son materias que pueden mantener la combustión aún después de suprimida la fuente externa de calor, requiriendo por lo general un abundante flujo de aire.

En particular se aplica a aquellas materias que pueden arder en hornos diseñados para ensayos de incendio y a las que están integradas hasta un 30% de su peso por materias muy combustibles.

Ejemplo: determinados plásticos, cueros, lanas, maderas y tejidos de algodón tratados con retardadores, etc.

Riesgo 5: Materiales poco combustibles

Son materias que se encienden al ser sometidas a altas temperaturas pero cuya combustión invariablemente cesa al ser apartada la fuente de calor.

Ejemplo: celulosas artificiales, etc.

Riesgo 6: Materiales incombustibles

Son materias que al ser sometidas al calor o llama directa, pueden sufrir cambios de su estado físico, acompañados o no de reacciones químicas endotérmicas, sin formación de materia combustible alguna.

Ejemplo: hierro, plomo, etc.

Riesgo 7: Materiales refractarios

Son materias que al ser sometidas a altas temperaturas, hasta 1500°C , aún durante períodos muy prolongados, no alteran ninguna de sus características físicas o químicas.

Ejemplo: amianto, ladrillos refractarios, etc.

Velocidad de la combustión

Como alternativa para la clasificación de los elementos en *combustibles o muy combustibles* suele considerarse la *velocidad de la com-*

bustión, que es la pérdida de peso del material por unidad de tiempo en la combustión.

Este criterio tiene en cuenta el estado de subdivisión de los materiales en sus formas de almacenamiento, como por ejemplo:

- Materiales de baja densidad y gran superficie: sueltos, apilados en montones, etc.
- Materiales de densidad y superficie media: bolsas, fardos, barriles, etc.
- Materiales de densidad elevada y superficie reducida: elementos prensados, embalados, empacados, etc.

Se relaciona esta velocidad con la de un combustible normalizado como madera apilada, con una superficie y densidad media establecida.

Para relaciones iguales o mayores de la unidad, se considera el material como muy combustible y para menores, como combustible. Se exceptúan de esta determinación aquellos productos que en cualquier estado de subdivisión se considere como muy combustible, como es el caso del algodón y otros.

CAPÍTULO II

CONDICIONES CONSTRUCTIVAS

SECTOR DE INCENDIO

El criterio fundamental en que se basa la protección pasiva contra incendio, consiste en evitar la propagación del fuego.

Para ello, debe considerarse en los proyectos *una adecuada subdivisión de los ambientes* de modo de aislarlos en función de su peligrosidad, por medio de paredes, pisos o techos resistentes al fuego.

Se define entonces, *sector de incendio*, como el local o conjunto de locales, delimitados por muros y entrepisos de resistencia al fuego acorde al riesgo y la carga de fuego que contienen, comunicado con un medio de escape seguro.

La propagación de un incendio puede ser:

- Horizontal
- Vertical

Para dificultar la *propagación horizontal* es conveniente dividir en sectores de incendio en la que debe considerarse la compartimentación de elementos o materiales, en virtud del riesgo de incendio, como se muestra en la figura 1-II.

Fig. 1-II. Subdivisión por grupo de materiales

Por otra parte, debe tenerse en cuenta la aislación de los lugares de trabajo, de aquellos objetos que pueden dar origen a riesgos, como se indica en la figura 2-II.

Fig. 2-II. Subdivisión de lugares de trabajo

En general como norma de proyecto, es conveniente separar los sectores de incendio de gran peligrosidad con los que ofrecen riesgos menores, en edificios de plantas industriales o comerciales de gran extención. Por ejemplo, depósitos inflamables, instalaciones térmicas, talleres de carpintería, cámaras transformadoras, etc.

Es de buena práctica que los locales destinados a cocinas y comedores se los ubique en el proyecto lo más aisladamente posible y preferiblemente en grandes establecimientos en edificios independientes.

En la Reglamentación se especifica que los sectores de incendio, excepto en garages o en casos especiales, *pueden abarcar como máximo una planta de un edificio.*

Los trabajos que se desarrollan al aire libre se consideran como sector de incendio.

Por otra parte, para contrarrestar la *propagación vertical* deben diseñarse todas las conexiones verticales del edificio, tales como escaleras, conductos de ventilación, aire acondicionados, plenos, etc., de manera que impidan en caso de incendio el paso de fuego, gases o humos de un piso a otro, mediante el uso de cerramientos o dispositivos adecuados, que permitan aislar verticalmente el edificio.

Además en el diseño de las fachadas debe evitarse la ejecución de conexiones verticales entre los pisos, así como en los muros exteriores provistos de ventanas.

Carga de fuego

Se define la carga de fuego de un sector de incendio, al peso de la madera por unidad de superficie (kg/m^2), capaz de desarrollar una *cantidad de calor equivalente* al peso de los materiales contenidos en el mismo.

El patrón de referencia es la *madera* cuyo poder calorífico inferior se considera 4400 kcal/kg.

En la tabla del cuadro 1-II se dan los poderes caloríficos aproximados de algunos materiales.

CUADRO 1-II. PODERES CALORÍFICOS KCAL/KG

Material	P calorífico (kcal/kg)
Maderas	3.900 a 5.000
Textiles	4.400 a 5.000
Gomas	8.300 a 10.500
Papel, celulosa	3.900 a 4.200
Materias grasas	7.500 a 9.500
Combustibles líquidos	10.000 a 11.000
Combustibles sólidos	5.500 a 7.800
Plásticos	4.000 a 10.000

Para el análisis de la carga del fuego en el caso de materiales líquidos o gaseosos contenidos en tuberías, barriles y depósitos, se considera como uniformemente repartidos sobre toda la superficie del sector de incendios.

De esa manera, se puede establecer la siguiente ecuación:

$$C_f = \frac{P \cdot pc}{4400\,A}$$

Donde:

C_f: Carga de fuego (kg/m²);
P: Cantidad de material contenido en el sector de incendio (kg);
pc: Poder calorífico del material (kcal/kg);
4400:   Poder calorífico de la madera (valor constante) (kcal/kg);
A: Area del sector de incendio (m²).

Ejemplo

Determinar la carga de fuego de un sector de incendio, destinado a depósito de papel.

Los datos son:

* Cantidad de papel depositado: 9500 kg;
* Superficie del sector de incendio: 100 m²
* Poder calorífico del papel (cuadro 1-II): 4000 kcal/kg.

De modo, entonces, que la carga de fuego vale:

$$C_f = \frac{P \cdot pc}{4400 \cdot A} = \frac{9500 \times 4000}{4400 \times 100} \cong 87 \ kg/m^2$$

El cuadro 2-II incluye valores referenciales estimativos de cargas de fuego de materiales contenidos en diversos tipos de edificios.

CUADRO 2-II. VALORES ESTIMATIVOS DE CARGA DE FUEGO
DE MATERIALES EN EDIFICIOS

Actividad desarrollada en el local	Carga de fuego kg/m^2
Bibliotecas	100
Zapaterías	40
Carnicerías	2,5
Carpinterías	40
Centrales telefónicas	15
Cerrajerías	10
Cines y teatros	20
Verdulerías	10
Confiterías	20
Consultorios	10
Escuelas	15
Garages (estacionamientos)	12,5
Estudios de radio o TV	20
Mueblerías	30
Farmacias	50
Florerías	5
Hospitales	20
Hoteles	20
Iglesias	10
Laboratorios fotográficos	20
Lencerías	40
Librerías	70
Museos	15
Peleterías	30
Peluquerías	15
Restaurantes	20
Roticerías	10
Tintorerías	32,5
Perfumerías	25

Baños	0
Tapicerías	20
Pinturerías	80
Vinerías	10
Jardín de infantes	15
Kioscos de diarios	75
Joyerías	20
Lavanderías	10
Venta de artículos de cuero	40
Hilanderías	20
Herrería	10
Tiendas	25
Oficinas	45
Bares	30

Resistencia al fuego

Se entiende por *resistencia al fuego* a una convención relativa, utilizada para determinar la propiedad de un material, en virtud de lo cual se lo considera apto o no para soportar la acción del mismo durante un tiempo determinado.

Dichas resistencias se han establecido con la *letra F* que representa la resistencia al fuego, acompañada de un número que indica al *tiempo en minutos* en que un elemento estructural o constructivo, pierde su capacidad resistente o funcional, en un ensayo de incendio.

Ejemplo: F 60 representa una resistencia al fuego de 60 minutos.

Para determinar esa resistencia el Código Municipal de la Ciudad de Buenos Aires establece dos métodos:

• Mediante horno de temperatura calibrada.
• Mediante soplete a gas de llama calibrada.

Experiencia mediante horno de temperatura calibrada

En la cámara de un horno se verifica la resistencia al fuego de probetas, las que son sometidas a un calentamiento gradual en el tiempo, de acuerdo a la curva que se consigna en la figura 3-II que representa un incendio tipo.

Las probetas a utilizarse deben ser exactamente representativas de los materiales que se utilicen realmente en la edificación.

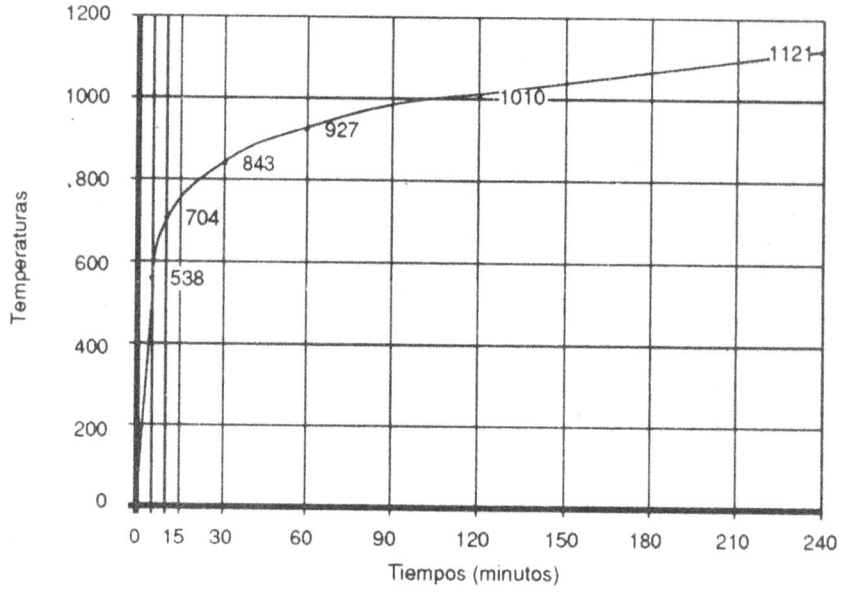

CUADRO 3-II. RIESGOS QUE IMPLICAN LAS ACTIVIDADES
PREDOMINANTES DEL EDIFICIO

Actividad predominante	Clasificación de los materiales según su combustión						
	Riesgo 1 Explo.	Riesgo 2 Infla.	Riesgo 3 Muy comb.	Riesgo 4 Comb.	Riesgo 5 Poco comb	Riesgo 6 Incomb	Riesgo 7 Refrac.
Residencial Administrativo	NP	NP	R3	R4	—	—	—
Comercial Industrial Depósito	R1	R2	R3	R4	R5	R6	R7
Espectáculos Cultura	NP	NP	R3	R4	—	—	—

NP = No Permitido

Por otra parte, se ha establecido en función de la carga de fuego y los riesgos de incendio correspondientes, cual debe ser la *resistencia al fuego de los elementos constructivos y estructurales de los locales*, según sean éstos ventilados natural o mecánicamente. En las planillas del cuadro 4-II se consignan dichos valores.

CUADRO 4-II. RESISTENCIA AL FUEGO DE ELEMENTOS ESTRUCTURALES Y
CONSTRUCTIVOS

VENTILADOS NATURALMENTE

Carga de Fuego	RIESGO				
	Riesgo 1 Explosivo	Riesgo 2 Inflamable	Riesgo 3 Muy combust	Riesgo 4 Combustible	Riesgo 5 Poco combust
Menor o igual a 15 kg/m²	NP	F 60	F 30	F 30	—
15 a 30 kg/m²	NP	F 90	F 60	F 30	F 30
30 a 60 kg/m²	NP	F 120	F 90	F 60	F 30
60 a 100 kg/m²	NP	F 180	F 120	F 90	F 60
Mayor a 100 kg/m²	NP	F 180	F 180	F 120	F 90

VENTILADOS MECANICAMENTE

Carga de Fuego	RIESGO				
	Riesgo 1 Explosivo	Riesgo 2 Inflamable	Riesgo 3 Muy combust.	Riesgo 4 Combustible	Riesgo 5 Poco combust.
Menor o igual a 15 kg/m²	NP	NP	F 60	F 60	F 30
15 a 30 kg/m²	NP	NP	F 90	F 60	F 60
30 a 60 kg/m²	NP	NP	F 120	F 90	F 60
60 a 100 kg/m²	NP	NP	F 180	F 120	F 90
Mayor a 100 kg/m²	NP	NP	NP	F 180	F 120

Referencias:　NP = No Permitido.
El riesgo 1 "Explosivo" se considera solamente como fuente de ignición.

CERRAMIENTOS

Los cerramientos utilizados para protección contra incendio en edificios pueden clasificarse en:

* Cerramientos resistentes al fuego.
* Muros cortafuegos.

Cerramientos resistentes al fuego

Las reglamentaciones establecen que los *sectores de incendio se deben separar entre sí por pisos, techos y paredes resistentes al fuego*, en función al mayor riesgo del sector que divide y en los muros exteriores debe garantizarse la eficacia de la protección de la propagación vertical por las ventanas.

Los elementos resistentes al fuego deben cumplir las siguientes condiciones básicas en el *período de incendio.*

* Resistencia mecánica necesaria para garantizar la estabilidad de la construcción.
* Deformaciones y roturas que no sean peligrosas para las estructuras.
* Resistencia al impacto de modo que no sean afectados por la caída de cuerpos o la acción de los chorros de agua de las mangueras de incendio.
* No deben emitir gases tóxicos o inflamables.
* No producir grandes variaciones en su conductibilidad térmica.

Muro cortafuego

Es un muro destinado a subdividir un sector de incendio, debiendo *impedir el pasaje de llama* de una parte a otra, para evitar la propagación horizontal, como se muestra en la figura 4-II. Estos muros incluyen la puerta de comunicación que debe ser del tipo de seguridad contra incendio, doble o sea una a cada lado del muro, con cierre automático, como se detallará posteriormente.

El muro debe cumplir además con las condiciones básicas y los requisitos de resistencia al fuego correspondiente al sector que divide.

El muro cortafuego debe alcanzar desde el solado, al entrepiso inmediato correspondiente y en el último piso si se trata de techos de distintas alturas, debe rebasar en 0,50 m por lo menos el techo más alto de los sectores que divide, como se consigna en la figura 5-II .

A fin de que no se produzca el pasaje de llamas debe estudiarse la construcción de juntas de aislación adecuadas, tratando en lo posible de no instalar cañerías o conductos en el muro.

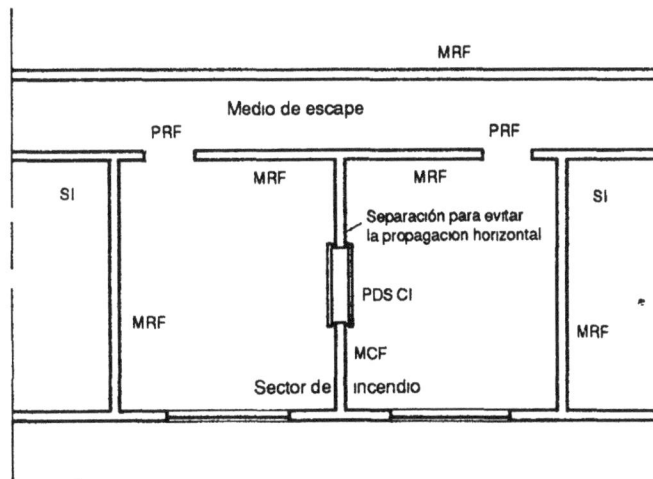

Referencias:
MRF: Muro resistente al fuego
PRF   Puerta resistente al fuego
PDSCI: Puerta doble de seguridad contra incendio
MCF: Muro cortafuego

Fig. 4-II. Detalle de muro cortafuego

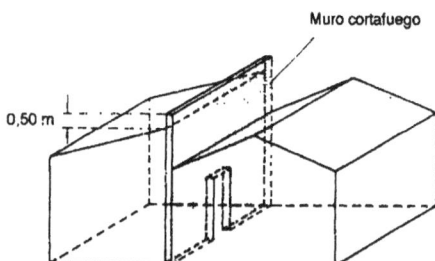

Fig. 5-II. Detalle prolongación de muro cortafuego

Elementos constructivos

Se determina que los materiales con que se construyen los edificios deben soportar sin derrumbarse la combustión de los elementos que los contengan, de manera de permitir la evacuación de las personas.

En las reglamentaciones vigentes se establecen una serie de requisitos que deben tenerse en cuenta en la ejecución de los edificios que se relacionan con los materiales y elementos constructivos a emplear, teniendo en cuenta el riesgo de incendio.

La resistencia al fuego de los materiales empleados en la construcción es muy variable, en virtud de sus características, grado de humedad, revestimientos, etc., por lo que es difícil establecer con precisión su valor, si el mismo no surge de un análisis particular de resistencia al fuego de acuerdo a lo analizado precedentemente.

Con fines referenciales se incluye en el cuadro 5-II, los valores estimativos aproximados de la resistencia al fuego de determinados cerramientos y estructuras utilizadas normalmente en la construcción.

En la ejecución de estructuras de sostén y muros se deben emplear materiales incombustibles como albañilería, hormigón, hierro estructural y materiales de propiedades análogas.

Las albañilerías tradicionales, revocadas o no, constituyen por sí mismas elementos bastante resistentes al fuego, las que colocadas racionalmente, permiten utilizarlas como elemento de compartimentaciones de locales o sectores de incendio.

Es necesario, sin embargo, que la estructura portante o las juntas no sean sensibles al fuego.

Se establece que todo material que ofrezca una determinada resistencia mínima al fuego, *deben ser soportados por elementos de resistencia al fuego igual o mayor.*

En el caso del hormigón armado, puede considerarse que pierde gran parte de su resistencia a temperaturas elevadas y además el agua de extinción al enfriar rápidamente el mismo, acelera su disgregación. La experiencia práctica establece que es necesario *proteger las armaduras* con una capa de hormigón mínima de 2 cm.

CUADRO 5-II. RESISTENCIA AL FUEGO ESTIMADAS DE CERRAMIENTOS O ESTRUCTURAS EMPLEADOS EN LA CONSTRUCCIÓN

Tipo	Espesor (cm)	Resistencia al fuego (min)
Techos de chapa aluminio, acero, plástico sin revestir	—	≤ F 30
Placas o chapas de fibrocemento	—	≤ F 30
Maderas (ver cuadro 8-II)	—	—
Estructuras metálicas no protegidas con revestimiento (ver cuadro 6-II)	—	≤ F 30
Tabiques de ladrillos comunes	7	F 30
Tabiques de ladrillos huecos	10	F 30
Tabiques o placas de hormigón	5	F 30
Bloques huecos de hormigón	10	F 30
Cielorrasos de yeso o cal armados con metal desplegado	—	F 30
Mampostería de ladrillos comunes	10	F 60
Mampostería de ladrillos huecos	14	F 60
Tabique de hormigón armado	7	F 60
Losa de hormigón armado	8	F 60
Bloques huecos de hormigón	15	F 60
Mampostería de ladrillos comunes (ver cuadro 7-II)	15	F 120
Mampostería de ladrillos huecos	24	F 120
Tabique, viga o losa de hormigón armado	10	F 120
Bloques huecos de hormigón	30	F 120
Losa de ladrillos cerámicos	15	F 120
Mampostería de ladrillos comunes	30	F 240
Pared, columna, viga o losa de hormigón armado	18	F 240
Bloques huecos de hormigón	45	F 240
Losas de ladrillos cerámicos	22	F 240

Debe emplearse siempre a fin de aumentar la resistencia al fuego, *revoques o revestimientos*. La resistencia al fuego de un elemento estructural, debe incluir la del revestimiento o sistema constructivo que lo protege o involucra y del cual el mismo forma parte.

Las estructuras de hierro deben tener los revestimientos que corresponde a la carga de fuego. El hierro de armaduras de cubiertas, puede no revestirse, siempre que se provea una libre dilatación de las mismas en los apoyos.

El cuadro 6-II establece la resistencia al fuego estimado de estructuras metálicas en función e los revestimientos empleados.

Por otra parte el Código Municipal de la Ciudad de Buenos Aires para los casos en que se requiera la ejecución de contramuros o forjados adosados a elementos estructurales como protección contra el fuego, especifica las *equivalencias con respecto a un muro de ladrillo macizos de 0,15 m de espesor*, consignados en la tabla del cuadro 7-II.

CUADRO 6-II. RESISTENCIA AL FUEGO DE REVESTIMIENTO
EN ESTRUCTURAS METÁLICAS

Revestimientos de pilares

Clases de revestimientos	Espesor mínimo en centímetros para alcanzar un grado de resistencia al fuego F			
	30	60	90	180
Mortero de cemento, dosificación 1:3 a 1:4, sobre malla metálica.	2	3,25	4,50	—
Mortero de cal y yeso, dosificación 1:0, 2:3, sobre malla metálica.	2	3,25	4,50	—
Mortero de yeso y arena, dosificación 1:1 a 1:3, sobre malla metálica	1,50	3	4,25	—
Placas de yeso	0,75	3	5	—
Placas de mortero vermiculita, dosificación 1:4	1,75	2,50	3,25	5,75
Placas de hormigón ligero	—	—	3	6
Placas de fibra de amianto	—	1,75	3	6

Revestimiento de vigas

Clase de revestimiento	Espesor mínimo en centímetros para alcanzar un grado de resistencia al fuego F			
	30	60	90	180
Mortero de cemento sobre malla metálica	2	3	4	—
Mortero de cal y yeso sobre malla metálica	2	3	4	—
Mortero de yeso y arena sobre malla metálica	1	2,50	4	—
Conglomerado de fibra mineral, sobre malla metálica	1	2	4	7
Placas de yeso	0,75	3	5	—
Placas de hormigón de vermiculita	1,50	2,5	3	5
Placas de hormigón ligero	—	2	2,50	—
Placas de fibra de amianto	—	1,50	2,50	5

Revestimiento de techos

Clase de revestimiento consistente en un cielorraso colgante extendido sobre malla metálica	Espesor mínimo en centímetros para alcanzar un grado de resistencia al fuego F			
	30	60	90	180
Mortero de cal y yeso	1,50	2	3	4
Mortero de yeso y vermiculita	1	1,50	2	2,50

CUADRO 7-II. EQUIVALENCIAS DE RESISTENCIA AL FUEGO CON RESPECTO A UN MURO DE LADRILLOS MACIZOS DE 0,15 M DE ESPESOR

Material	Resistencia de compresión	Coeficiente de conductibilidad térmica del material macizo λ (kcal/hm°C)	Equivalente en espesor de ladrillos macizos comunes
Contramuro construido con bloques huecos de hormigón de granulado volcánico de 7 cm de espesor.	16,6 kg/cm² 16,8 kg/cm²	$\lambda = 0,30$ $\lambda = 0,26$	mínimo 13 cm máximo 16 cm
Contramuro construido con bloques macizos de esponja de hormigón (hormigón celular) de 8 cm de espesor.	21 kg/cm²	entre 15° y 30° C $\lambda = 0,26$ p.e. = 750 kg/m³	15 cm
Contramuro construido con bloques huecos de hormigón de cascotes, escoria, etc., de 7 cm de espesor.	27 kg/cm² 32,1 kg/cm²	$\lambda = 0,69$ —	mínimo 11 cm máximo 16 cm
Contramuro construido con ladrillos macizos de granulado volcánico de 9 cm de espesor.	25 kg/cm²	$\lambda = 0,29$	15,5 cm
Contramuro construido con placas huecas de virutas de madera aglutinadas con cemento portland de 5 cm de espesor.	promedio sobre las placas 28,4 kg/cm²	—	13 cm
Contramuro construido de placas de virutas largas de madera aglutinadas con plástico de 5 cm de espesor (*).	—	entre 22° y 43°C $\lambda = 0,19$ p.e. = 495 kg/m³	13 cm
Forjado o revoque construido con material esponja de hormigón de 4 cm de espesor.	—	entre 20° y 45°C $\lambda = 0,13$ p.e. = 270 kg/m³	15,5 cm
Forjado o revoque construido con granulado volcánico, cemento y algo de cal, de 7 cm de espesor.	—	entre 20° y 40°C $\lambda = 0,24$ p.e. = 850 kg/m³	14,5 cm

(*) Desde el punto de vista de las prevenciones contra incendio debe indicarse que el calor intenso ablanda la placa.

En la tabla del cuadro 8-II se indica la resistencia al fuego de diversos tipos de maderas en función del espesor, de acuerdo a lo establecido por el Código Municipal de la Ciudad de Buenos Aires.

En el mismo se determina que *la madera u otro material del mismo grado de combustibilidad no debe emplearse como cerramiento de locales ni como elemento resistente*, con la sola excepción de los *soportes de techos* como vigas, tirantes, armaduras, etc.

En estos casos deben cumplirse las siguientes condiciones:

* La cubierta debe ser incombustible.
* Las extremidades deben ser apoyadas sobre albañilería, cuando no se trate de madera dura.
  — Deben pintarse con dos manos de pintura bituminosa o de eficacia equivalente.
  — Debe dejarse un espacio en torno a la extremidad de modo que se encuentre en contacto con el aire por lo menos en la mitad del apoyo.
* Deben estar separados del ambiente que cubra *mediante un cielorraso ejecutado en material incombustible*.

Cuando la madera es *tratada convenientemente para resistir al fuego* y la putrefacción, puede no exigirse el cumplimiento del apoyo y la cobertura del cielorraso.

Se admite la madera como *revestimiento decorativo* aplicado a muros o cielorrasos.

En el caso de estructuras de edificios que hayan experimentado los efectos de un incendio, deben ser objeto de una pericia técnica para comprobar la persistencia de las condiciones de resistencia y estabilidad antes de proceder a su habilitación.

CUADRO 8-II. RESISTENCIA AL FUEGO DE MADERAS

Especie de madera	Espesores en milímetros						
Pino	28	41	51	63	75	86	96
Cedro	17	23	28	31	37	41	45
Viraró	13	19	23	28	32	36	40
Quina	14	20	25	30	33	37	41
Lapacho	15	20	24	30	33	36	41
Incienso	14	20	24	30	32	36	39
Resistencia al fuego	10	15	20	25	30	35	40

CARACTERISTICAS CONSTRUCTIVAS DE LAS PUERTAS

Las puertas que se utilizan para protección de incendios, se pueden clasificar en dos tipos:

* Puertas resistentes al fuego
* Puertas de seguridad contra incendio

Puertas resistentes al fuego

Consiste en los cerramientos destinados a proteger las circulaciones de escape.

Estas puertas deben ser de doble contacto y cierre automático. Las puertas que comunican un sector de incendio con un medio de escape, deben ser de resistencia al fuego del mismo rango que la del sector más comprometido, con un mínimo F 30.

En los casos de caja de escaleras, la resistencia al fuego debe ser del mismo rango que el de los muros de la caja, como mínimo. *Las aberturas que comunican un sector de incendio con el exterior del inmueble, no requieren ninguna resistencia en particular.*

El Código Municipal de la Ciudad de Buenos Aires admite las *puertas de madera* que pueden ser de piezas ensambladas y macizas o bien de tablas superpuestas o de placas compensadas formadas por láminas de madera, fuertemente unidas entre sí, pudiéndose considerar para madera dura en un espesor de 4 cm una resistencia al fuego F 30.

En la figura 6-II se indica una *puerta metálica resistente al fuego*.

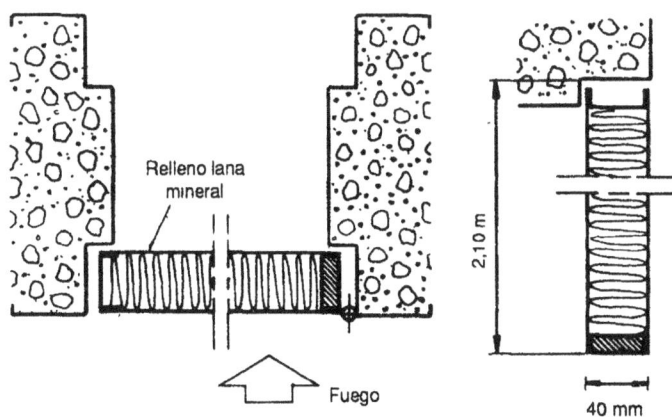

Fig. 6-II. Puertas resistentes al fuego

Se trata de una puerta metálica con marco metálico empotrado en el hormigón. La hoja es de chapa de 1 mm de espesor, formando cajón que se rellena con lana mineral en un espesor de 40 mm, reforzada en sus cantos superior e inferior con U de acero. La resistencia al fuego es de F 60.

Pueden contar estas puertas con vidrios fijos, que deben ser del tipo de seguridad inastillable y armado, generalmente colocado en el tercio superior.

El Código Municipal de la Ciudad de Buenos Aires establece que el *ancho mínimo* de toda puerta que dé a un medio de escape o vía pública, *debe ser de 0,90 m* hasta 50 personas y 0,15 m adicionales por cada 50 personas en exceso o fracción.

Se puede incluir en las puertas dispositivos de apertura denominados *antipánico*, que consiste en un manijón compuesto por una barra de acero que abarca prácticamente el ancho de la misma, colocado a la altura de la cerradura, el que por una pequeña presión provocan la apertura de la puerta.

Puertas de seguridad contra incendio

Las puertas contra incendio son aquellas que se colocan en los muros cortafuegos, con el fin de subdividir los sectores de incendio, debiendo ser de cierre automático y de igual resistencia al fuego del sector donde se encuentra.

La Reglamentación de la Ley de Higiene y Seguridad en el Trabajo exige la obturación mediante *dos puertas*, una a cada lado de la abertura y separadas a una distancia igual al espesor de la pared, denominadas *puertas dobles de seguridad contra incendio*.

Los dispositivos automáticos de cierre están provistos de un contra-peso, ligado a la puerta por una soga o cable, en la cual va interpuesto un eslabón fusible a 70°C.

Cuando este elemento se funde, deja en libertad la puerta de su contrapeso, cerrándose por la acción de la gravedad.

La puerta también puede accionarse manualmente, ya que el contrapeso está calculado para mantenerla equilibrada en la posición que se adopte.

Las puertas pueden ser de los siguientes tipos:

* A bisagras.
* Corredizas de deslizamiento horizontal.
* Corredizas de deslizamiento vertical.

En la figura 7-II se indican las características constructivas de las puertas contra incendio.

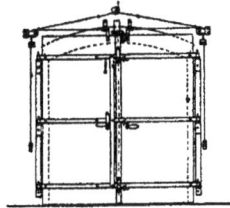

A bisagra - 2 hojas - 2 fusibles

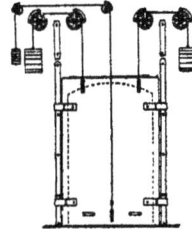

Guillotina - Guías verticales
1 hoja - Suspensión al tope
1 fusible

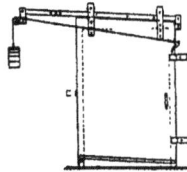

Corrediza - Riel oblicuo - 1 hoja
Suspensión a la izquierda (o a
la derecha) - 1 fusible

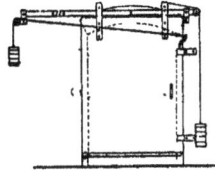

Corrediza - Riel horizontal - 1 hoja
Suspensión a la izquierda (o a la
derecha) - 1 fusible

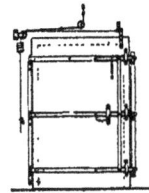

A bisagra - 1 hoja
izquierda - 1 fusible

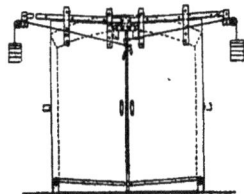

Corrediza - Rieles oblicuos - 2 hojas
Suspensión bilateral - 2 fusibles

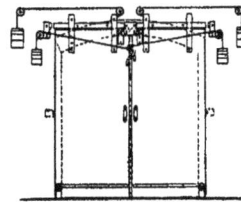

Corrediza - Rieles horizontales - 2 hojas
Suspensión bilateral - 2 fusibles

Fig. 7-II. Detalles de puertas automáticas de seguridad contra incendios

Se establece que estas puertas no deben exceder de 5,50 m² de superficie, con un alto y ancho máximo de 2,15 y 2,75 m respectivamente.

La Cámara de Aseguradores especifica que las puertas de incendio, deben ser de chapa de acero de un espesor mínimo de 6 mm, con batientes y travesaños divididos en tableros no mayores de 1 m² de superficie, cada uno.

Los batientes y travesaños pueden ser planchuelas de acero de 100 x 6 mm colocados a cada lado de la chapa o perfiles T de 75 x 50 x 6 mm o L de 75 x 75 x 6 mm, colocados a un solo lado de la chapa. La unión de las planchuelas o perfiles a la chapa puede hacerse por medio de remaches o soldadura eléctrica.

Se establece que la luz entre la puerta y el piso o umbral no debe superar los 5 mm.

Puertas a bisagras

Si la abertura excede de 1,10 m de ancho, la puerta debe ser de dos hojas, no pudiendo exceder ninguna de ellas de 1,10 m de ancho.

Debe estar construida formando una junta solapada que permita una superposición mínima de 20 mm a todo lo largo de los batientes centrales cuando la puerta está cerrada.

El marco debe ser de acero de un espesor no inferior a 6 mm, abarcando las jambas y el dintel.

Puede omitirse el marco siempre que la puerta se sobreponga a la abertura en 75 mm en la parte superior y en los costados, asegurando un perfecto contacto.

La puerta debe ser montada sobre fuertes bisagras o pivotes y los pasadores y picaportes deben estar dispuestos de modo que pueda abrirse de cualquiera de los dos lados.

Puertas corredizas

La puerta debe sobreponerse a la abertura por lo menos en 75 mm, en la parte superior y los costados, asegurando un íntimo contacto. Debe contar con un cubrejunta con una sobreposición mínima de 20 mm en toda su extensión.

El riel de suspensión debe ser de acero, de sección no inferior a 65 x 13 mm, fuertemente abulonado o empotrado en la pared.

Los rieles inclinados no deben tener una pendiente mayor del 6%. La puerta se sujeta al riel por medio de suspensores de acero, con una separación de 20 mm para permitir la dilatación cuando están expuestas al calor.

Las puertas deben tener los elementos para poder abrirse desde los dos lados.

En todos los casos el *umbral* debe ser de material incombustible y sobreelevado 0,10 m sobre el nivel del piso más alto, a fin de evitar el pasaje de agua de un local o sector a otro en caso de incendio, como se indica en la figura 8-II.

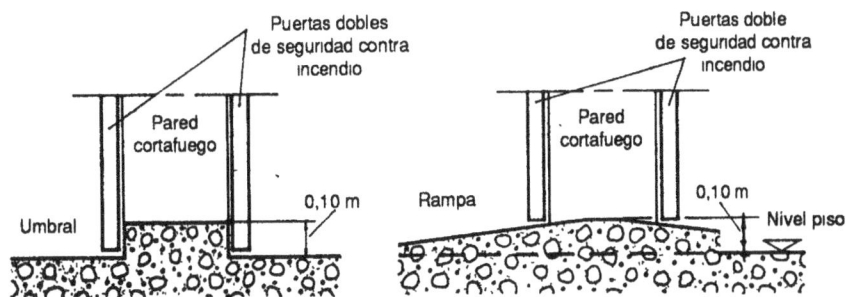

Fig. 8-II. Detalle de umbral

Si no es posible levantar el umbral, se puede disponer de una rejilla sobre un canal de ancho y profundidad mínima de 0,10 m a todo lo largo del umbral y conectado a un desagüe con cañería de 0,10 m de diámetro, como se indica en la figura 9-II.

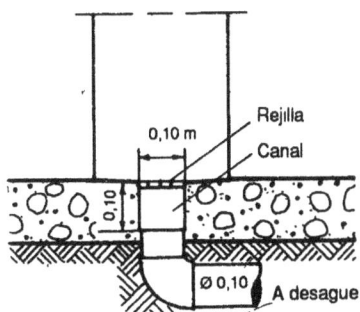

Fig. 9-II. Desagüe de umbral

En caso de pisos de material combustible, el umbral debe ser de mampostería u hormigón con un espesor mínimo de 0,10 m y extendido hacia afuera por lo menos 0,15 m desde la abertura a ambos lados de la misma como se muestra en la figura 10-II.

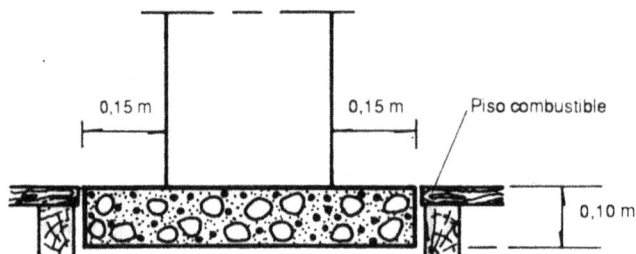

Fig. 10-II. Umbral en pisos de material combustible

Ventanas

Se establece que las ventanas que subdividen sectores de incendios, deben cumplir el mismo criterio de las puertas de seguridad contra incendio, en cuanto a resistencia al fuego.

La protección de ventanas puede efectuarse mediante vidrio armado en aberturas que no excedan de 5 m².

El vidrio debe tener un espesor mínimo de 6 mm contando con una malla de alambre incrustado de 25 mm como máximo.

El cuadro de los vidrios no deben ser mayores de 0,30 x 0,30 m. Los marcos y/o bastidores deben ser construidos en acero, y se empotran o aseguran adecuadamente a las paredes.

Persianas cortafuegos

Las persianas cortafuegos son elementos que se instalan en los conductos de aire acondicionado o ventilación, con el objeto del cierre automático de los mismos en caso de un incendio.

Ello evita uno de los elementos fundamentales que es la propagación del fuego a través de dichos conductos en caso de incendio.

Estos elementos se mantienen abiertos en función de un *hilo fundible* cuando la temperatura se eleva por sobre los valores normales. En la figura 11-II se muestra un elemento de cierre giratorio que puede pivotear sobre su eje horizontal en función de la diferencia de peso de sus alas.

En la figura 12-II se indica una persiana de cierre automático.

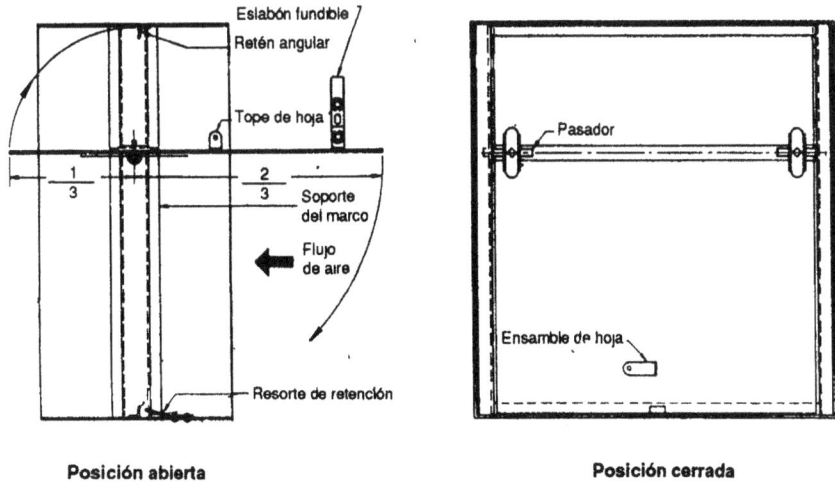

Fig. 11-II. Tapa de cierre automático

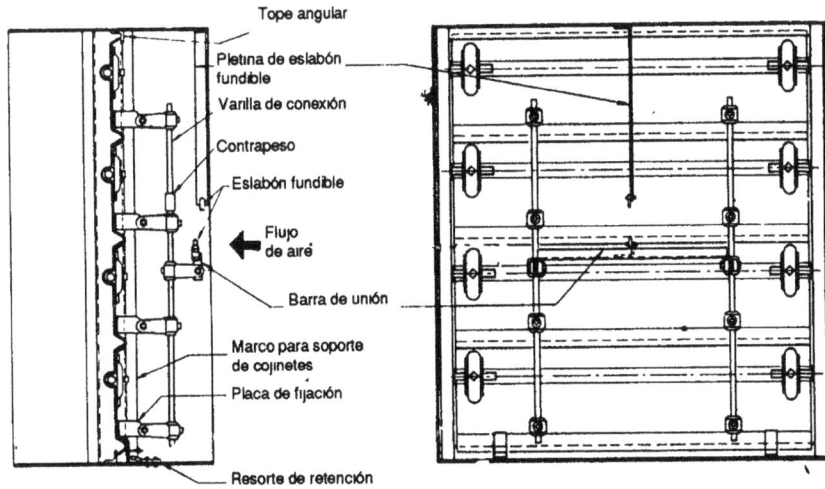

Fig. 12-II. Persiana de cierre automático

CONDICIONES ESPECIFICAS DE CONSTRUCCION

Las condiciones específicas de construcción son caracterizadas por la letra C, seguida de un número de orden, indicadas en el cuadro 9-II, en la que se establecen los requisitos que deben cumplir los edificios según sus usos.

Condición C1

Las cajas de ascensores y montacargas deben estar limitadas por muros de resistencia al fuego correspondientes al sector de incendio.

Las puertas deben tener una resistencia al fuego no menor al exigido para los muros y estar provisto de cierre de doble contacto y cierrapuertas.

Condición C2

Las ventanas y puertas de acceso a los distintos locales que componen el uso, desde un medio interno de circulación de ancho no menor de 3 m, no deben cumplir ninguna resistencia al fuego en particular.

Condición C3

Los sectores de incendio deben tener una superficie cubierta no mayor de 1000 m², debiéndose tener en cuenta para el cómputo de la superficie, los locales destinados a actividades complementarias del sector, excepto que se encuentren separados por muros de resistencia al fuego correspondiente al riesgo mayor. Si la superficie es superior a 1000 m² deben efectuarse subdivisiones con muros cortafuegos, de modo que los nuevos ambientes no excedan el área antedicha.

En lugar de la interposición de muros cortafuegos, pueden instalarse rociadores automáticos, para superficies cubiertas que no superen los 2000 m².

Condición C4

Los sectores de incendio deben tener una superficie de incendio no mayor de 1500 m². En caso contrario debe colocarse muro cortafuego.

En lugar de interposición de muros cortafuegos, puede instalarse rociadores automáticos para superficies cubiertas que no superen los 3000 m².

CUADRO 9-II. PROTECCIÓN CONTRA INCENDIO
CONDICIONES ESPECÍFICAS DE CONSTRUCCIÓN

Usos (ver cuadro 1)		Riesgo	C1	C2	C3	C4	C5	C6	C7	C8	C9	C10	C11
Vivienda residencia colectiva		3	●										
Comercio	Banco, Hotel	3	●										●
	Actividades administrativas	3	●										
	Locales comerciales	2	●							●			
	Locales comerciales	3	●		●				●				
	Locales comerciales	4	●			●			●				
	Galería comercial	3		●									●
	Sanidad y salubridad	4	●								●		
Industria		2	●					●		●			
		3	●		●								
		4	●			●							
Depósito de garrafas		1											
Depósitos		2											
		3	●		●				●				
		4	●			●			●				
Educación		4	●										
Espectáculos y Diversiones	Cine Teatro (200 loc.)	3	●				●					●	●
	Televisión	3	●		●								●
	Estadio	4	●										●
	Otros rubros	4	●										●
Actividades religiosas		4	●										
Actividades culturales		4	●										●
Auto-motores	Estación de servicio - Garaje	3	●							○			
	Industria-T. mecán.-Pintura	3	●		●								
	Comercio-Depósito	4	●			●							
	Guarda mecanizada	3	●										
Aire libre (exclusivo playas de estacionamiento)	Depósitos e industrias	2											
		3							●				
		4							●				

○ Garaje: No cumple la condición C8 cuando no tiene expendio de combustible.

Condición C5

Las *cabinas de proyección* deben ser construidas de material incombustible y no tener más abertura que la que corresponda a las de ventilación, la visual del operador, la salida del haz luminoso de proyección y la puerta de entrada que debe abrir de adentro hacia afuera, a un medio de salida.

La entrada a la cabina debe tener puerta incombustible y estar aislada del público, fuera de su vista y de los pasajes generales. Las dimensiones de la cabina no deben ser inferiores a 2,50 m por lado y deben tener suficiente ventilación mediante vanos o conductos al aire libre.

Deben tener una resistencia al fuego mínima de F 60, al igual que la puerta.

Condición C6

El local donde se *revelen o sequen películas inflamables* debe ser construido en una sola planta sin edificación superior y convenientemente aislado de los depósitos, locales de revisión y dependencias.

Sin embargo cuando se utilicen equipos blindados puede construirse un piso alto.

El local debe tener dos puertas que abran hacia el exterior, alejadas entre sí, para facilitar la rápida evacuación.

Deben ser construidas de material incombustible y dar a un pasillo, antecámara o patio, que comunique directamente a los medios de salida.

Sólo pueden funcionar con una puerta de las características especificadas las siguientes secciones:

• Depósitos cuyas estanterías estén alejadas no menos de 1 m del eje de la puerta, que entre ellas exista una distancia no menor a 1,50 m y que el punto más alejado del local diste no más de 3 m del mencionado eje.
• Talleres de revelación, cuando sólo se utilicen equipos blindados.

Los *depósitos de películas inflamables* deben ser compartimentados individualmente con un volumen máximo de 30 m³.

Deben estar independizados de todo otro local y sus estanterías ser incombustibles.

La iluminación del local donde se elaboren o almacenen películas inflamables, debe ser eléctrica con lámparas protegidas e interruptores situados fuera del local y en caso de instalarse dentro, ser blindados.

Condición C7

En los depósitos de materiales en estado líquido, con capacidad superior a los 3000 litros, se deben adoptar medidas que aseguren la estanqueidad del lugar que los contiene.

Condición C8

Solamente puede existir un piso alto destinado para oficina o trabajo como dependencia del piso inferior, constituyendo una misma unidad de uso, siempre que posean salida independiente.

Se exceptúa estaciones de servicio donde se pueden construir pisos elevados destinados a garages. En ningún caso se admite la ejecución de subsuelos.

Condición C9

En *edificios de sanidad y salubridad* se debe colocar un grupo electrógeno de arranque automático, con capacidad adecuada para cubrir las necesidades de quirófanos y artefactos de vital funcionamiento.

Condición C10

En *edificios para espectáculos y diversiones* los muros que componen el edificio deben ser de 0,30 m de espesor, de albañilería, de ladrillos macizos u hormigón armado de 0,07 m de espesor neto.

Las aberturas que tengan estos muros deben ser cubiertas con puertas metálicas.

Las diferentes secciones se refieren a:

- Sala y sus adyacencias.
- Vestículos, pasillos y el foyer.
- Escenario, sus dependencias, maquinarias e instalaciones.
- Camarines para artistas.
- Oficinas de administración.
- Depósitos para decoración, ropería, taller de escenografía.
- Guardamuebles.

Entre el escenario y la sala, el muro del proscenio no debe tener otra abertura que la correspondiente a la boca del escenario y la entrada a esa sección, desde pasillo de la sala.

Su coronamiento debe estar a no menos de 1 m del techo de la sala. Para cerrar la boca de la escena se coloca entre el escenario y la sala, un *telón de seguridad* levadizo, excepto en los escenarios destinados exclusivamente a proyecciones luminosas.

El telón de seguridad se debe ejecutar con una armadura de hierro formando paños no mayores de 2 m², cubierto con una lámina del mismo material, de espesor no inferior a 1,5 mm.

Se debe producir un cierre perfecto en sus costados, piso y parte superior, contando con contrapesos para facilitar su accionamiento, los que se sujetan al telón con sogas de cáñamo y naylon. Su movimiento debe ser manual y si se lo desea además electromagnético.

En su parte central inferior se debe instalar una puerta de 1,80 x 0,60 m de ancho con cierre doble contacto y abertura hacia adentro en relación al escenario, con cerramiento automático a resorte.

El mecanismo de accionamiento de este telón se debe ubicar en la oficina de seguridad.

En la parte culminante del escenario debe haber una *claraboya de abertura*, computada a razón de 1 m² por cada 500 m³ de capacidad del escenario, dispuesta de modo que, por movimiento bascular, pueda ser abierta rápidamente al librar la cuerda o soga de cáñamo o algodón sujeta dentro de la oficina de seguridad.

Los depósitos de decorados, ropas y adornos no deben emplazarse en la parte baja del escenario.

En el escenario y en la parte baja del proscenio y en comunicación con los medios de salida y con otras secciones del mismo edificio, debe haber solidario con la estructura *un local para oficina de seguridad*, de lado no inferior a 1,50 m y 2,50 m de altura con puerta incombustible.

Los *cines* no cumplen esta condición y *cine-teatro* debe contar con lluvia sobre el escenario y telón de seguridad, para más de 1000 localidades y hasta 10 artistas.

Condición C11

Los medios de salida del edificio con sus cambios de dirección como corredores, escaleras y rampas, deben ser señalizados en cada piso mediante flechas indicadoras de dirección, de metal bruñido o de espejo.

Deben ser colocadas a 2 m sobre el solado e iluminadas en las horas de funcionamiento de los locales, por lámparas compuestas por soportes y globos de vidrio, o por sistemas de luces.

Pueden ser alimentados por energía eléctrica, mediante pilas, acumuladores, o desde una derivación independiente del tablero general de distribución del edificio, con transformador que reduzca el voltaje.

Se busca de esa manera que la tensión e intensidad suministrada, no constituya un peligro para las personas en caso de incendio.

Salas de Máquinas

Los ambientes destinados a Salas de Máquinas cuyo riesgo sea de 3 a 7 deben ofrecer una resistencia al fuego mínima F 60, al igual que las puertas *que deben abrir hacia el exterior*, de doble contacto y cierre automático.

Depósito de almacenamiento de materiales

Los locales donde se almacenen, acumulen, o se encuentren ocupados con substancias combustibles o muy combustibles, deben constituir sectores de incendio.

El almacenamiento en estibas debe efectuarse de modo de reservar pasillos de acceso directos a puertas de salidas, que deben quedar expeditos en forma permanente.

Cuando existan estibas de distintas clases de materiales, *se deben almacenar alternativamente las combustibles con las no combustibles*, para reducir el riesgo de incendio.

La *distancia mínima de la parte superior de las estibas y el techo debe ser de 1 m* y las mismas deben ser accesibles, efectuando para ello el almacenamiento en la forma adecuada.

Las estanterías *deben ser de material no combustible o metálico*.

Depósitos de inflamables

Como norma básica, no debe almacenarse materias inflamables en los lugares de trabajo, salvo aquellos donde debido a la actividad que en ellos se realice, se haga necesario el uso de tales materiales. Se establece, sin embargo por razones de seguridad que *en ningún caso, la cantidad almacenada en el lugar de trabajo debe superar los 200 litros de inflamables de primera categoría* o sus equivalentes.

Se especifica además que no debe manipularse o almacenarse líquidos inflamables en locales situados encima o al lado de sótanos o fosas, a menos que tales áreas estén provistas de ventilación adecuada que eviten la acumulación de vapores y gases.

En los locales comerciales donde se expenden materias inflamables, éstas deben ser ubicadas *en depósitos en los que no se debe almacenar cantidades superiores a los 10.000 litros de inflamables* de primera categoría o sus equivalentes.

No se permite en ningún caso la *construcción de depósitos inflamables en subsuelos*, ni ningún tipo de edificación sobre él. Dichos depósitos deben ajustarse a los siguientes requerimientos particulares:

- Poseer piso impermeable y estantería que no origine chispas e incombustible formando cubetas capaz de contener un volumen superior al 100% del inflamable depositado cuando éste no es miscible en agua.
  Si es miscible en agua, dicha capacidad debe ser mayor del 120%.
- La iluminación artificial debe poseer lámpara de malla estanca y llave de accionamiento ubicada en el exterior.
- La ventilación debe ser natural mediante ventana con tejido arrestallama o conducto.

Además se establece:

Para *depósitos de más de 500 litros y hasta 1000 litros* de inflamables de primera categoría o sus equivalentes:

* Deben estar separados de otros ambientes de la vía pública y linderos a una distancia no menor de 3 m, valor éste que se debe duplicar si se trata de separación entre depósitos inflamables.

Para *depósitos de más de 1000 litros y hasta 10.000 litros* de inflamable de primera categoría o sus equivalentes:

* Deben poseer dos accesos opuestos entre sí, de forma tal que desde cualquier punto del depósito, se puede alcanzar por lo menos uno de ellos, sin atravesar un presunto frente de fuego que pudiera producirse.
* Las puertas deben abrir hacia el exterior y poseer cerraduras que permitan abrirlas desde el interior, sin llave.
* Aemás de las condiciones generales indicadas precedentemente, el piso debe tener pendiente hacia los lados opuestos a los medios de salida, para que en el eventual caso de derrame de líquido, se los recoja en canaletas y rejillas en cada lado, y mediante un sifón ciego de 102 mm de diámetro se lo conduzca a un estanque subterráneo, cuya capacidad de almacenamiento sea por lo menos un 50% mayor que la del depósito.
* La distancia mínima a otro ambiente, vía pública o lindera, debe ser función de la capacidad de almacenamiento, debiendo separarse como mínimo 3 m para una capacidad de 1000 litros, adicionándose 1 m por cada 1000 litros o fracción subsiguiente de aumento.

La distancia de separación resultante se duplica cuando se trata de depósitos inflamables entre sí.

En todos los casos esta separación debe ser libre de materias.

CONDICIONES DE SITUACION

Las condiciones de situación constituyen requerimientos específicos de emplazamiento y accesos a edificios, conforme a su característica de riesgo de incendio.

Condiciones generales de situación

En todo edificio o conjunto edilicio que se desarrolle en un *predio de más de 8000 m²* se deben disponer facilidades para el acceso y circulación de los *vehículos del servicio contra incendio de los bomberos*.

En las cabeceras de los cuerpos de edificios que poseen solamente una circulación fija, vertical, deben proyectarse plataformas pavimentadas a nivel de planta baja, que permitan el acceso y posean resistencia para el emplazamiento de escaleras mecánicas.

Condiciones específicas de situación

Las condiciones específicas de situación están caracterizadas con la letra S, seguida del número de orden, según se indica en el cuadro 10-II. Estas condiciones son las siguientes:

Condición S1:

El edificio debe separarse de la vía pública de acuerdo a los casos que se indicaron en depósitos inflamables.

Condición S2:

Cualquiera sea la ubicación del edificio en el predio, éste debe cerrarse, excepto las aberturas exteriores de comunicación, con *un muro de 3 m de altura mínima y de 0,30 m de espesor de albañilería de ladrillos macizos o 0,07 m de hormigón.*

CUADRO 10-II. PROTECCION CONTRA INCENDIO.
CONDICIONES ESPECIFICAS DE SITUACION.

Usos (ver cuadro 1)		Riesgo	S1	S2
Vivienda residencia colectiva		3		
Comercio	Banco, Hotel	3		●
Comercio	Actividades administrativas	3		●
Comercio	Locales comerciales	2		●
Comercio	Locales comerciales	3		●
Comercio	Locales comerciales	4		●
Comercio	Galería comercial	3		●
Comercio	Sanidad y salubridad	4		●
Industria		2		●
Industria		3		●
Industria		4		●
Depósito de garrafas		1	●	●
Depósitos		2	●	●
Depósitos		3		●
Depósitos		4		●
Educación		4		
Espectáculos y Diversiones	Cine Teatro (200 localid.)	3		
Espectáculos y Diversiones	Televisión	3		●
Espectáculos y Diversiones	Estadio	4		●
Espectáculos y Diversiones	Otros rubros	4		●
Actividades religiosas		4		
Actividades culturales		4		
Automotores	Estación de servicio - Garaje	3		●
Automotores	Industria-T. mecánico-Pintura	3		●
Automotores	Comercio-Depósito	4		●
Automotores	Guarda mecanizada	3		●
Aire libre (exclusivo playas	Depósitos	2		●
Aire libre (exclusivo playas	e	3		●

Nota: Encabezado "Condiciones Específicas de Situación" abarca las columnas S1 y S2.

CAPITULO III

EVACUACION

MEDIOS DE ESCAPE

El principio básico para lograr la evacuación de las personas de un edificio en un tiempo prudencial, consiste en que cada uno de los sectores de incendio comuniquen con lugares de desplazamiento protegidos, que los vincule con una salida, denominados *medios de escape*.

Dichos medios de escape deben proveer espacios de circulación adecuados y seguros, frente a la acción del fuego, humo y gases de la combustión, identificándose perfectamente el recorrido y las salidas y contando además con *iluminación de emergencia*, en caso de corte de energía eléctrica.

Los medios de escape deben proyectarse de modo que *constituyen una línea natural* de modo que cuando un edificio se desarrolla en uno o más niveles, está constituido por los siguientes trayectos:

- *Horizontal:* desde cualquier punto de un nivel, hasta la salida o escalera.
- *Vertical:* desde la escalera hacia abajo, hasta el pie de la misma.
- *Horizontal:* desde el pie de la escalera, hasta el exterior del edificio.

El desplazamiento a través de los mismos debe realizarse por pasos comunes, *libres de obstrucciones*. Las puertas que los comunican con los sectores de incendio deben abrir de modo que no afecten el ancho del medio de escape y las que se instalen en el mismo deben abrir en el sentido de circulación, *no admitiéndose el uso de puertas giratorias*.

Los medios de escape deben reunir características constructivas de resistencia al fuego de acuerdo al *riesgo de incendio de mayor importancia* de los sectores que en cada plano sirven o limiten y sus acceso deben estar normalmente cerrados mediante puertas resistentes al fuego de doble contacto y cierre automático.

El recorrido de la ruta de escape no debe ser entorpecido por otros locales o lugares de uso diferenciado, vestíbulos, corredores, pasajes u otros medios de escape. Además *no debe ser nunca ascendente* excepto en caso de subsuelos, ni debe achicarse en el sentido del avance.

Cuando un edificio o parte de él incluya usos diferentes o incompatibles, *cada uno debe tener medios independientes de escape.*

No se consideran incompatibles el uso de viviendas con el de oficinas o escritorios, por lo que en estos casos el medio de escape puede ser común y calculados en forma acumulativa.

La vivienda del mayordomo, encargado, sereno o cuidador es compatible con cualquier uso, debiendo tener comunicación directa con un medio de escape.

Nunca debe preverse la evacuación de un sector de incendio a través de otro sector de incendio.

Dimensionamiento de los medios de escape

El cálculo de las dimensiones de los medios de escape, que comprenden pasillos, corredores y escaleras, se efectúa en función de la cantidad de personas a evacuar simultáneamente, provenientes de los distintos locales que desembocan en él.

Para determinar el *ancho mínimo, número de medios de escape y escaleras independientes*, se establece un valor denominado *unidad de ancho de salida*, que es un número que representa el espacio mínimo requerido para que las personas a evacuar, puedan pasar en determinado tiempo por el medio de escape, en una sola fila.

El número de unidades de ancho de salida se calcula con la siguiente fórmula:

$$n = \frac{N}{cs \cdot te}$$

Donde:

- n: Unidades de ancho de salida (número);
- N: Número total de personas a ser evacuadas;
- cs: Coeficiente de salida (personas/min por unidad de ancho de salida);
- te: Tiempo de escape (min).

El *coeficiente de salida* (cs) representa el número de personas que pueden pasar por una salida o bajar por una escalera, por minuto, por cada unidad de ancho de salida.

Se considera dicho valor como promedio aproximadamente igual a *40 personas por minuto por unidad de ancho de salida.*

El *tiempo de escape* (te), es el tiempo máximo de evacuación de las personas al exterior. Se adopta en general de acuerdo a la experiencia en *2,5 minutos.*

De modo entonces que la ecuación anterior reemplazando los valores, queda de la siguiente manera.

$$n = \frac{N}{100}$$

El *número total de personas a ser evacuadas* (N), puede determinarse a partir de un *factor de ocupación* (f_o), que es la superficie aproximada que cada persona ocupa por piso.

De esa manera:

$$N = \frac{A}{f_o}$$

En la que:

N: Número total de personas a ser evacuadas (n°);
A: Area del piso a evacuar (m²);
f_o: Factor de ocupación (m²/persona).

Se considera la superficie del piso la comprendida dentro de las paredes exteriores, menos la superficie ocupada por los medios de escape, locales sanitarios y otros que sean de uso común en el edificio.

Dicho factor de ocupación depende del uso a que están destinados los locales y se han consignado en la tabla que se incluye como cuadro 1-III.

De esa manera, reemplazando en las ecuaciones anteriores, se puede calcular el número de unidades de ancho de salida con la siguiente expresión:

$$n = \frac{A}{100 \cdot fo}$$

Donde:

n: Unidad de ancho de salida (N°);
A: Superficie del piso (m²);
fo: Factor de ocupación (m²/persona);
100: Constante (personas/unidad de ancho de salida).

CUADRO 1-III. FACTOR DE OCUPACIÓN (M²/PERSONA)

Uso	f_o
• Sitios de asambleas, auditorios, salas de concierto, salas de baile	1
• Edificios educacionales, templos	2
• Lugares de trabajo, locales, patios y terrazas destinados a comercio, mercados, ferias, exposiciones, restaurantes	3
• Salones de billares, canchas de bolos y bochas, gimnasios, pistas de patinaje, refugios nocturnos de caridad	5
• Edificios de escritorios y oficinas, bancos, bibliotecas, clínicas, asilos, internados	8
• Viviendas privadas y colectivas	12
• Edificios industriales; el número de ocupantes depende de la característica del edificio. Puede adoptarse:	16
• Salas de juego	2
• Grandes tiendas, supermercados, planta baja y primer subsuelo	3
• Grandes tiendas, supermercados, pisos superiores	8
• Hoteles, planta baja y restaurantes	3
Hoteles, pisos superiores	20
• Depósitos	30

Nota: En subsuelos, excepto para el primero a partir del piso bajo, se supone un factor de ocupación de la mitad.

El valor n debe ser número entero, por lo que las fracciones superiores a 0,5 se redondean en exceso.

Ancho mínimo total de los medios de escape

Una vez calculada la unidad de ancho de salida (n), puede determinarse el *ancho total mínimo permitido* del medio de escape, ya sea pasillos o escaleras.

Así se establece que el ancho total mínimo debe tener 0,55 m cada unidad de ancho de salida para las dos primeras unidades y 0,45 m para las siguientes en los edificios nuevos.

Para los edificios existentes donde resulta imposible las ampliaciones se permiten anchos menores.

En la tabla del cuadro 2-III se resumen los valores correspondientes.

CUADRO 2-III. ANCHO MÍNIMO PERMITIDO DE LOS MEDIOS DE ESCAPE (M)

(n) unidades de anchos de salida (N°)	Edificios nuevos	Edificios existentes
2	1,10 m	0,96 m
3	1,55 m	1,45 m
4	2,00 m	1,85 m
5	2,45 m	2,30 m
6	2,90 m	2,80 m

El ancho mínimo permitido es de dos unidades de ancho de salida.
El ancho mínimo se mide entre zócalos.

En la figura 1-III se han representado las dimensiones mínimas de los pasillos de los medios de escape de acuerdo a lo señalado precedentemente.

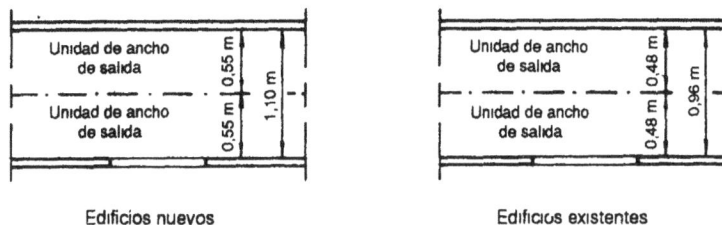

Fig. 1-III. Dimensiones mínimas de pasillos de medios de escape

Número de medios de escape y escaleras independientes

Salvo que la distancia máxima de recorrido o cualquier otra circunstancia, haga necesaria un número adicional de medios de escape o escalera independiente, la cantidad de estos elementos se determinan de la siguiente manera:

• Hasta 3 número de unidades de ancho de salida (n), se adopta un medio de salida y escalera independiente, como mínimo.
• Para 4 o más números de unidades de ancho de salida (n), se determina por la expresión:

$$E = \frac{n}{4} + 1$$

Donde:

E: Número de medios de escape y escaleras independientes.

n: Número de unidades de anchos de salida, calculados con la
        fórmula anterior.

Las fracciones de E iguales o mayores de 0,50, se redondean a la
unidad siguiente.

Ejemplo

Calcular el ancho mínimo, número de medios de escape y escaleras
independientes para un edificio nuevo de 5 pisos, destinado a oficinas
administrativas.

Los datos son:

• Area de cada piso: 100 m². Se determina la superficie, sin considerar los medios propios de escape y los locales sanitarios. De modo entonces que el área total vale:
A = 100 m² / piso x 5 pisos = 500 m²

• Factor de ocupación (fo). De acuerdo a la tabla del cuadro 1-III vale:
fo = 8 m² / persona

De esa manera se calcula el número de unidad de ancho de salida:

$$n = \frac{A}{100 \cdot fo} = \frac{500}{100 \cdot 8} = 0,625$$

Redondeando a la unidad mayor, constituye *1 ancho de salida*.

Corresponde entonces el ancho mínimo de dos unidades de ancho de
salida de 1,10 m, según se consigna en el cuadro 2-III, que corresponde a
los pasillos y escaleras.

El número de medios de escape y escaleras independientes, considerando que se trata de menos de 3 unidades de ancho de salida, será de
1 o sea el mínimo.

SITUACION DE LOS MEDIOS DE ESCAPE

Se consideran dos casos:

• En piso bajo.
• En pisos altos, sótanos y semisótanos.

Medios de escape en piso bajo

.Todo local o conjunto de locales que constituyen una unidad de uso en piso bajo, con comunicación a la vía pública, deben contar *por lo menos con dos accesos* cuando tengan:

- ¨Ocupación mayor de 300 personas.
- Algún punto del local diste más de 40 metros de la salida, medido a través de la línea de libre trayectoria.

Las *líneas de libre trayectoria* constituye el camino que deben efectuar las personas, libre de obstáculos y sin pasar por un eventual frente de fuego.

Los 40 metros surgen de considerar la *velocidad promedio de circulación en 16 m/min* que es un valor pequeño para contemplar la concentración de personas y el tiempo máximo de evacuación de 2,5 minutos.

O sea: 16 m/min x 2,5 min = 40 m.

Para el segundo medio de escape, puede usarse la salida general o pública que sirve a pisos altos, siempre que el acceso a ella se efectúe por el vestíbulo general del edificio.

En la figura 2-III se describen las posibilidades indicadas precedentemente.

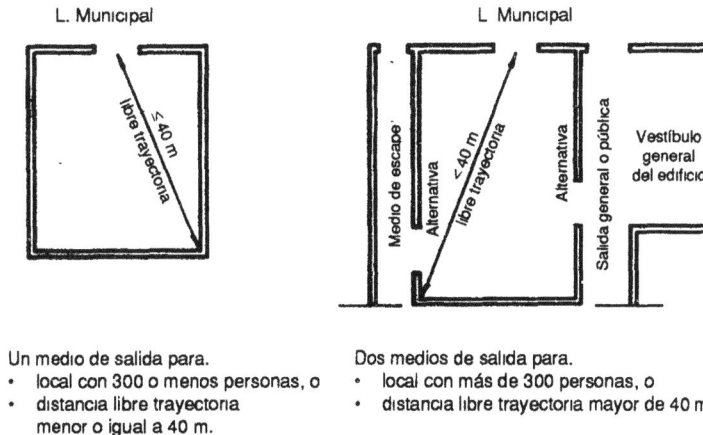

Un medio de salida para.
- local con 300 o menos personas, o
- distancia libre trayectoria menor o igual a 40 m.

Dos medios de salida para.
- local con más de 300 personas, o
- distancia libre trayectoria mayor de 40 m

Fig. 2-III. Posibilidades de escape a la vía pública

Los *locales interiores*, que tengan una ocupación mayor que 200 personas, deben contar por lo menos con dos puertas lo más alejadas posible una de otra, que conduzca a lugar seguro.

La distancia máxima desde un punto dentro de un local a una puerta o a la abertura exigida sobre un medio de escape que conduzca a la vía pública, debe ser de 40 metros medidos en la línea de libre trayectoria, como se indica en la figura 3-III.

Medio de escape

Local con más de 200 persona·

Fig. 3-III. Medio de escape de locales interiores en planta baja.

Cuando se *superpone un medio de escape* con el de entrada o salida de vehículos, se acumulan los anchos requeridos.

En este caso debe haber una vereda de 0,60 m de ancho mínimo y de 0,12 a 0,18 de alto, que puede ser reemplazada por una baranda. No obstante debe existir una salida de emergencia, como se muestra en la figura 4-III.

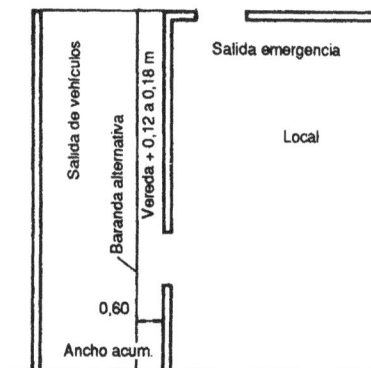

Fig. 4-III. Superposición de medios de escape

Medios de escape en pisos altos, sótanos y semisótanos

En todo edificio con superficie de piso mayor de 2500 m² por piso excluyendo el piso bajo, cada unidad de uso independiente, debe tener a disposición de los usuarios *por lo menos dos medios de escape.*

Todos los edificios que se usen para comercio o industria, cuya superficie de piso exceda de 600 m², excluyendo el piso bajo, deben tener por lo menos *dos medios de escape conformando caja de escalera.*

Una de ellas puede ser *auxiliar exterior*, conectada con un medio de escape general o público.

La *distancia máxima de una caja de escalera a todo punto de un piso, no situado en piso bajo, debe ser de 40 metros a través de la línea de libre trayectoria.*

Dicha distancia debe reducirse por razones de seguridad a la mitad en el caso de sótanos.

Caja de escalera

Se denomina *caja de escalera* a un recinto que contiene una *escalera incombustible*, utilizada como medio de escape, compuesto por muros cuya resistencia al fuego debe estar de acuerdo al riesgo de incendio de mayor importancia de la zona del edificio que sirve. Los acabados o revestimientos interiores también debe ser incombustibles y resistentes al fuego.

Su acceso debe efectuarse a través de puerta de doble contacto resistentes al fuego, con dispositivo automático para mantenerlas permanentemente cerradas, *debiendo salir hacia adentro de la caja*, sin invadir en su apertura el ancho de paso.

Las cajas de escaleras deben estar separadas de los medios de circulación comunes y no se permite el acceso a través de ellas a ningún tipo de servicios, como ser: armarios para útiles de limpieza, aberturas para conductos de compactadores o incineradores, puertas de ascensores o montacargas, hidrantes, etc., debiendo estar siempre libre de obstáculos.

Se exige que todo edificio de dos pisos altos o más o a partir de los 12 m en viviendas residenciales colectivas, deben contar con caja de escalera.

El acceso no debe efectuarse en forma directa, sino por medio de una antecámara con puertas resistentes al fuego de doble contacto y cierre automático en todos los niveles, como se muestra en la figura 5-III, para edificios de más de 12 metros o 30 m en las cajas de escaleras destinadas a edificios de viviendas.

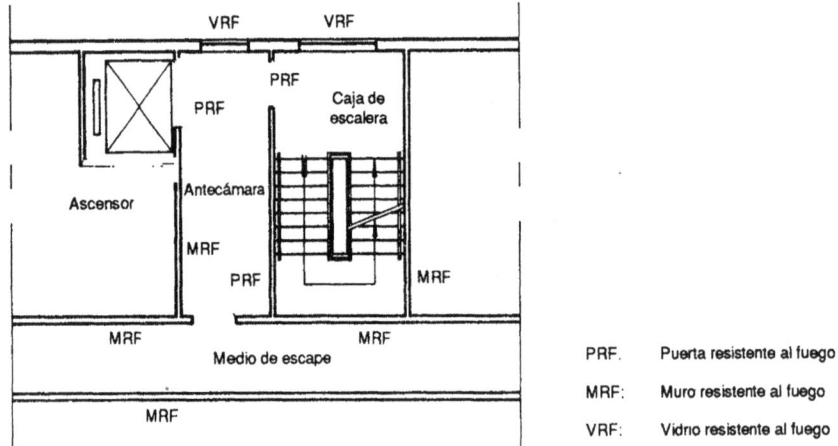

Fig. 5-III. Acceso a caja de escalera con antecámara

Las escaleras de escape se proyectan dentro de la caja de escalera mediante la superposición de tramos preferentemente iguales o semejantes para cada piso, de modo que sean extendidas regularmente en el sentido vertical del edificio. No se admiten las compensadas.

La misma debe tener continuidad mediante una comunicación directa a través de los pisos a los cuales sirve, *quedando interrumpida en el piso bajo* a cuyo nivel debe comunicar con la vía pública. De esa manera, ninguna escalera de escape puede seguir hacia niveles inferiores a la de la planta principal de salida. Por ello el acceso a sótanos debe realizarse en forma de *caja independiente*, sin continuidad con el resto del edificio, como se observa en la figura 6-III.

El diseño de la escalera debe obedecer al logro de la mayor comodidad y seguridad en el tránsito por ellas y su acceso debe ser fácil y franco. Por ello, se establece que las escaleras de escape se deben construir en *tramos rectos* de no más de 21 alzadas cada uno.

Las medidas de todos los escalones de un mismo tramo deben ser iguales entre sí, de acuerdo a la siguiente fórmula:

$2a + p = 0{,}60$ a $0{,}63$ m

Donde:

a: alzada, no debe ser mayor de 0,18 m.

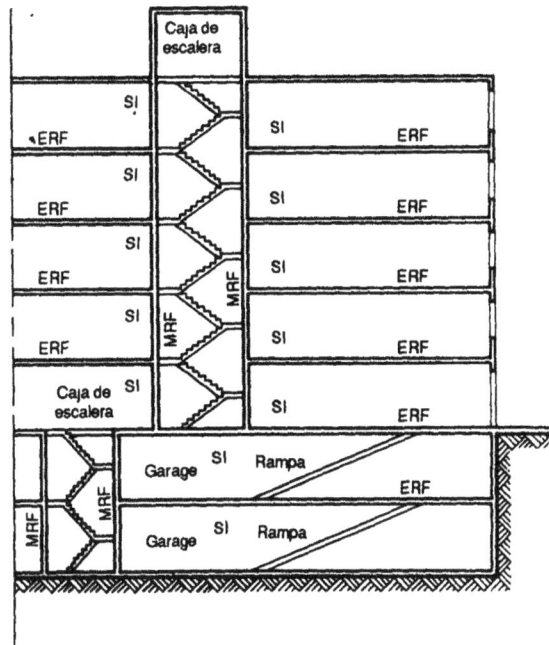

Referencias:
ERF: Entrepiso resistente al fuego
MRF: Muro resistente al fuego
SI: Sector de incendio

Fig. 6-III. Interrupción de escalera de escape en planta baja

p: pedada, no debe ser mayor de 0,26 m.

En la figura 7-III se indican las características de las mismas.

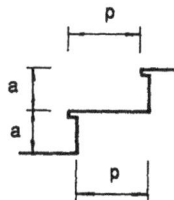

Fig. 7-III. Corte escalera

Los *descansos* deben tener el mismo ancho que el de la escalera.

Los *pasamanos* se deben instalar para escaleras de 3 o más unidades de ancho de salida en ambos lados.

Los pasamanos laterales o centrales cuya proyección total no llegue a exceder los 0,30 m, pueden no tenerse en cuenta en la medición del ancho de salida.

La altura del pasamanos debe ser como mínimo de 0,85 m.

Se establece que las cajas de escaleras deben estar *claramente señaladas y permanentemente iluminadas;* la iluminación puede ser natural utilizando materiales transparentes resistentes al fuego.

Los acabados o revestimientos de interiores deben ser incombustibles y resistentes al fuego.

Un aspecto básico en el diseño es que en caso de incendio este medio de escape *tienda a mantenerse libre de humo.*

En la figura 8-III se indica una forma de protección mediante dispositivos automáticos de extracción de humos y calor en caso de incendio.

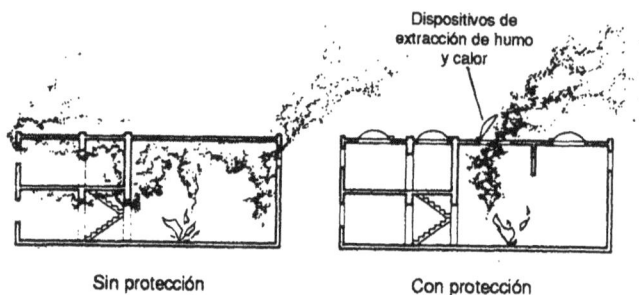

Fig. 8-III. Forma de protección para evitar propagación y dispersión de humo.

Las cajas de escalera *que sirven a seis o más niveles* deben ser *presurizadas* convenientemente, mediante la inyección mecánica de aire exterior a la caja propiamente dicha o al núcleo de circulación vertical según el caso.

Las tomas de aire se deben ubicar en tal forma que durante un incendio, el aire no contamine con humo los medios de escape.

El sistema de presurización puede consistir en un ventilador y una red de conductos con rejas de alimentación en cada nivel, que originen una sobrepresión de 5 a 10 mm de columna de agua como se muestra en la Figura 9-III.

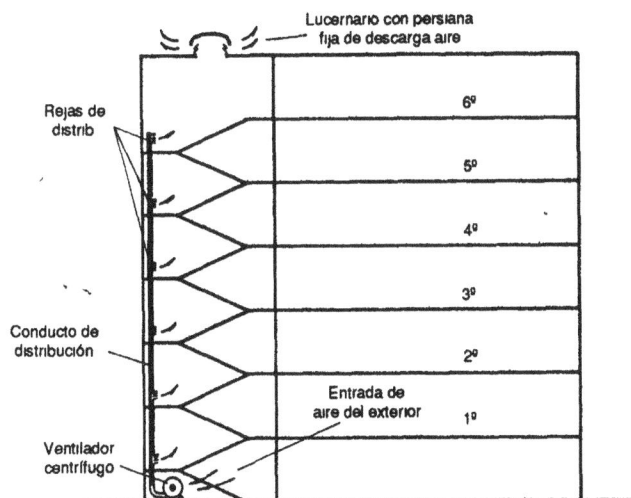

Fig. 9-III. Esquema de presurización de escalera.

La extracción se realiza en la parte alta por aberturas o conductos y la acción de un ventilador, facilitando de esa manera la eliminación de los humos.

En la Reglamentación de la Ley de Higiene y Seguridad en el Trabajo se admite que en edificaciones donde sea posible lograr una ventilación cruzada puede no emplearse la presurización.

Escaleras auxiliares exteriores

Estas escaleras de acuerdo a lo indicado precedentemente constituyen *un medio de escape complementario*.

Deben ser construidas con *materiales incombustibles*, desarrollándose en la parte exterior de los edificios, debiendo conducir directamente a espacios abiertos o lugar seguro.

La ubicación debe ser tal que no sea afectada por la acción del fuego debiendo ofrecer en ese aspecto el máximo de seguridad mediante cerramientos perimetrales, que eviten caídas.

En cuanto a los requisitos y características constructivas valen las consideraciones efectuadas para las cajas de escaleras.

Escaleras secundarias

Son aquellas que intercomunican sólo algunos sectores de planta o zonas de la misma.

No constituyen medio de escape, por lo que en caso de incendio no se las consideran como elemento de evacuación de las personas.

Escaleras verticales o de gato

Suelen denominarse a este tipo de escalera *marinera*, y el Código Municipal de la Ciudad de Buenos Aires las admite como acceso a los lugares siguientes:

- Azoteas intransitables
- Techos
- Tanques

Deben ser construidas con material incombustible, con un ancho no menor de 0,45 m, distanciadas no menos de 0,15 m de la pared.

La distancia entre el frente de los escalones y las paredes más próximas al lado del ascenso, debe ser de por lo menos 0,75 m con un espacio libre de 0,40 m a ambos lados del eje de la escalera.

Deben ofrecer suficientes condiciones de seguridad y poseer *tramos no mayores de 21 escalones* con descanso en los extremos de cada uno de ellos.

Todo el recorrido de estas escaleras, así como sus descansos, *deben poseer apoyo continuo de espalda a partir de los 2,25 m* de altura con respecto al solado.

En la figura 10-III se muestra un tipo característico de escalera marinera.

Escaleras mecánicas

Las escaleras mecánicas pueden constituir un medio de escape. Así en los casos en que se requiera más de una escalera como medio exigido de salida, se puede computar la escalera mecánica, siempre que:

- Cumpla las condiciones exigidas para las escaleras principales.
- Esté encerrada formando caja de escalera con aberturas protegidas de forma tal que se evite la propagación de calor y humo.
- Marche en sentido de la salida exigida.
- Los materiales que se construyan sean incombustibles, excepto:
  — Las ruedas que pueden ser de material de lenta combustión.
  — El pasamanos, que se admite de material flexible, incluso caucho.
  — El enchapado, que puede ser de madera de 3 mm de espesor, adherida directamente a la caja, que será incombustible y reforzada con metal u otro material no combustible.

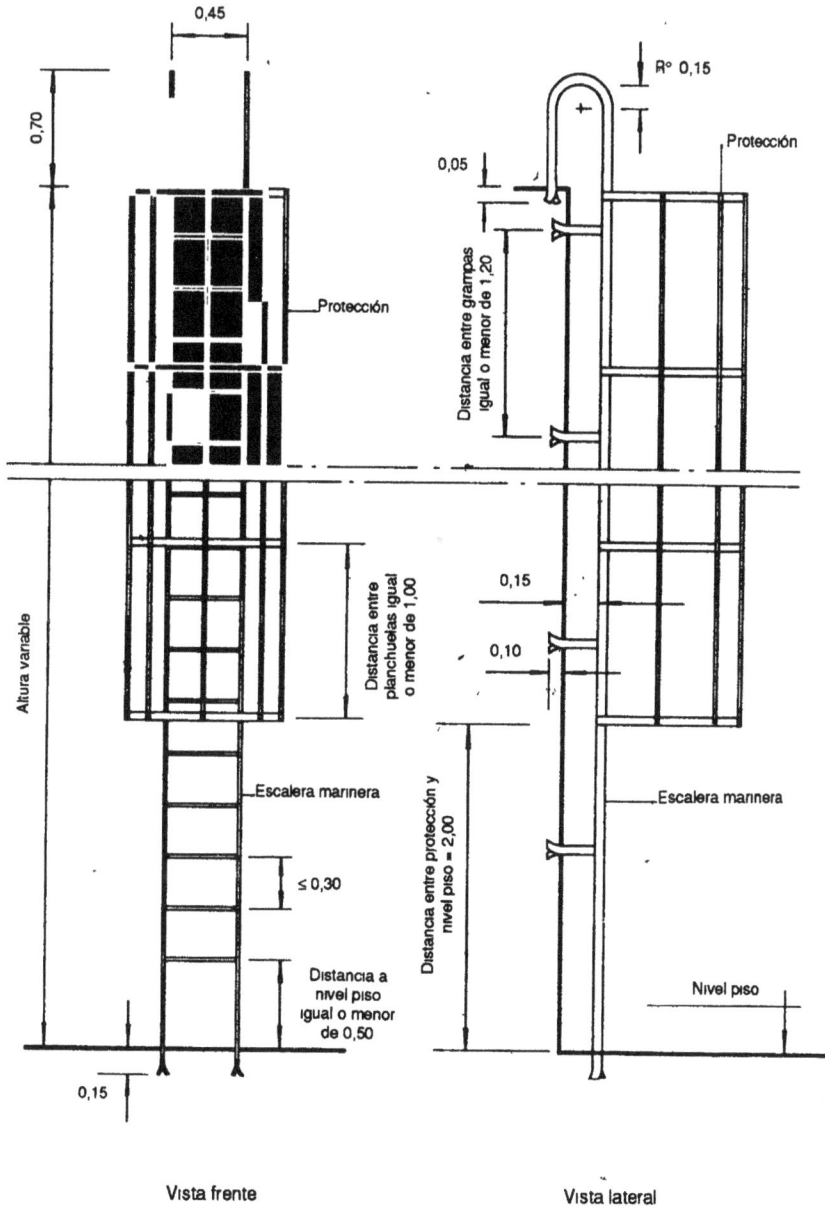

0,45

0,70

Protección

Altura variable

Distancia entre planchuelas igual o menor de 1,00

Escalera marinera

≤ 0,30

Distancia a nivel piso igual o menor de 0,50

0,15

Vista frente

R° 0,15

Protección

0,05

Distancia entre grampas igual o menor de 1,20

0,15

0,10

Distancia entre protección y nivel piso = 2,00

Escalera marinera

Nivel piso

Vista lateral

Fig. 10-III. Escalera marinera

- El equipo mecánico o eléctrico para el movimiento, esté colocado dentro de un cierre dispuesto de tal manera que no permita el escape de fuego o humo dentro de la escalera.
- Se interrumpa el funcionamiento al detectarse el incendio.

Rampas

En lugar de las escaleras de escape pueden utilizarse rampas, siempre que tengan partes horizontales a manera de descanso en los sitios donde la rampa cambia de dirección y en los accesos.

Se exige que el solado sea antideslizante y la pendiente máxima debe ser del 12%, con un ancho mínimo de acuerdo a lo requerido para el medio de salida.

Se establecen las mismas condiciones señaladas para las cajas de escaleras.

Ascensores

Los ascensores *no deben considerarse como un medio de escape*, debido al peligro que involucra su uso en el caso de declararse un incendio.

En las normas de prevención se instruye a los usuarios que en caso de emergencia no deben utilizarse los ascensores, dado que puede quedar atrapado en el mismo, sin posibilidad alguna de escape.

La Ley de Higiene y Seguridad en el Trabajo exige sin embargo que en edificios de más de 25 metros de altura, se debe contar con un ascensor de características particulares contra incendio.

La aplicación de este ascensor estaría destinado a la acción contra el fuego por parte de los bomberos, para el transporte de equipos o eventualmente el rescate de personas atrapadas.

Deben estar diseñados especialmente y funcionar en caso de corte de energía eléctrica con fuente de alimentación propia.

El criterio básico es que en caso de un incendio mediante detectores apropiados, se desplacen a planta baja donde permanecen a disposición del cuerpo de Bomberos.

Por razones de seguridad se exige que en subsuelos, en todos los riesgos, cuando el inmueble que contiene el ascensor tiene pisos altos, el acceso al ascensor no sea directo, sino por medio de una antecámara con puertas de cierre automático de doble contacto y resistencia al fuego de acuerdo al riesgo de incendio.

El montaje de ascensores y montacargas se debe efectuar en *cajas* limitadas por muros de resistencia al fuego similar al sector de incendio que sirve, lo mismo que las puertas, las que deben estar provistas de cierre de doble contacto y cierrapuertas.

MEDIOS DE SALIDA EN LUGARES DE ESPECTACULOS PUBLICOS

El Código Municipal de la Ciudad de Buenos Aires determina la característica de estos medios de salida.

Ancho de salidas y puertas

En un lugar de espectáculo público ninguna salida debe comunicar directamente con una caja de escalera que sea un medio exigido de egreso para un edificio con usos diversos.

A tal efecto, debe interponerse un *vestíbulo* cuya *área* debe ser por lo menos:

$$A \geq 4\, a^2$$

Donde:
    A: Area del vestíbulo para salida (m²);
    a: Ancho de salida de la caja de escalera (m).

El ancho libre de una *puerta de salida* exigida no *debe ser inferior a 1,50 m.*

El *ancho total* se calcula en función del número de espectadores de la siguiente manera:

- *Hasta 500 espectadores:* s = n
- *De 500 a 2500 espectadores:* $s = \left(\dfrac{5500 - n}{5000} \right) n$
- *Más de 2500 espectadores:* s = 0,6 n

En la que:
    s: Ancho de las puertas de salida (cm);
    n: Número total de espectadores (N°).

Ancho de corredores y pasillos

Todo corredor o pasillo debe conducir directamente a la salida exigida a través de la *línea natural de libre trayectoria* y debe ser ensanchado progresivamente en dirección a esa salida.

Un corredor o pasillo debe tener en cada punto de su eje un ancho calculado con la fórmula:

$$a = n$$

Donde:

    a: Ancho de corredor o pasillo (cm);

    n: Número total de espectadores en su zona de servicio (N°).

En el caso de haber espectadores de un solo lado, el ancho mínimo debe ser de 1 m y en el caso de haber espectadores de los dos lados debe ser de 1,20 m.

Cuando los espectadores asisten de pie, a los efectos del cálculo del número, debe suponerse que *cada espectador ocupa un área de 0,25 m²*.

CAPITULO IV

DETECCION

CARACTERISTICAS GENERALES

Se define una *instalación automática de detección de incendio* a aquélla capaz de identificar y avisar inmediatamente la aparición de un incendio en su fase inicial, constatando magnitudes medibles como aumento de temperatura, humo o radiación.

De esa manera, estos sistemas proveen una *advertencia* del peligro del fuego, permitiendo que se adopten las medidas de extinción que sean necesarias.

La detección de un incendio desde el primer momento es de suma importancia, por cuanto se puede actuar sobre él con mayor porcentaje de seguridad, reduciendo al mínimo las consecuencias que se pudieran originar.

El sistema de detección debe ser diseñado acorde al tipo de edificio, su construcción y propósito, en combinación con las medidas de prevención contra al fuego.

Si bien la detección del fuego puede hacerse en forma personal en el lugar del hecho, es conveniente siempre un sistema automático.

Este sistema consiste en la detección y transmisión de la información correspondiente a una *central de control* que provoca la alarma en forma automática y efectúa todas las funciones necesarias para la extinción.

Además *pueden accionar una instalación de extinción fija* como se verá en los sistemas de extinción.

En la figura 1-IV se indica esquemáticamente los componentes de un sistema básico de detección de incendios.

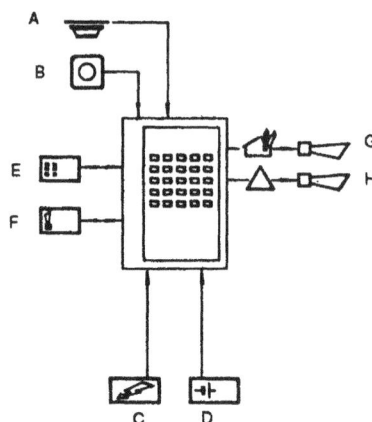

A = Detector de incendio automático
B = Pulsador de alarma
C = Alimentación principal electricidad
D = Energía auxiliar de emergencia
E = Panel de operación
F = Organización alarma
G = Alarma interna
H = Señalización interna de falla

Fig. 1-IV. Elementos componentes de un sistema de detección

Básicamente se compone de tres partes fundamentales, las que deben estar adaptadas entre sí para un funcionamiento conjunto:

- Sistemas de detección.
- Central de control y aviso de·incendio.
- Dispositivos de alarma.

Sistemas de detección de incendios

Constituye la parte de la instalación que controla una magnitud física y/o química, destinada a la detección de un foco de incendio.

Deben ser diseñados e instalados en forma tal que su tipo, número y distribución permitan identificar precozmente el incendio, manteniendo un margen de seguridad como para *prevenir falsas alarmas*.

La combustión da origen a una serie de fenómenos físicos que pueden ser detectables. Así la energía liberada en el proceso se transmite al ambiente por:

- Radiación.
- Convección.
- Conducción.

La *radiación* en forma de ondas electromagnéticas se extiende a todo el espectro visible y comprende también bandas del infrarrojo y del ultravioleta.

La *convección* influye sobre el aire ambiente, provocando un aumento de temperatura y al hacerse más liviano origina una circulación o corriente de aire ascendente.

La *conducción* a través de los materiales sólidos no es importante en estos casos porque el aire es mal conductor del calor.

A su vez por efecto de la transformación química, se producen substancias sólidas, líquidas y volátiles.

Entre las substancias volátiles figuran los gases de la combustión que se dispersan en el aire bajo partículas muy pequeñas en forma de *humos* que son residuos gaseosos desprendidos de la combustión incompleta, en la que están dispersas partículas sólidas o líquidas finamente divididas.

Según la clase de combustible quemado pueden tener vapor de agua, anhidrido carbónico, monóxido de carbono, nitrógeno y otros.

El tamaño de las partículas es variable desde 0,001 a 10 micrones, por lo cual solamente algunas son visibles, y el movimiento convectivo las arrastra hacia arriba.

Etapas de un incendio

El desarrollo de un incendio en general está caracterizado por cuatro etapas según se detalla en el esquema de la figura 2-IV.

Fig. 2-IV. Etapas de un incendio

Estas etapas son las siguientes:

- Iniciación.
- Combustión lenta
- Formación de llama.
- Desprendimiento de calor.

En la *iniciación* del incendio, los productos de la combustión no son visibles, ni existe desarrollo significativo del calor.

Luego de cierto período de tiempo del orden de minutos u horas se produce la *combustión lenta*, con un aumento de densidad de los productos de la combustión, los que son visibles como humo. En esta etapa existe muy poco calor y las llamas no se aprecian.

Cuando el combustible y el comburente oxígeno, alcanzan la temperatura de ignición se produce la *formación de llama*. No existe calor apreciable aún, pero su desarrollo es perentorio. El *desprendimiento de calor* se produce en el período final del proceso, originándose un fuerte aumento de temperatura. El calor llega a ser incontrolable en lapsos de minutos o segundos.

Estos fenómenos son utilizados para la detección automática de incendio mediante dispositivos ubicados en la zona a proteger.

Su principio consiste en comparar o detectar la presencia o cambios del fenómeno de la combustión, como el humo, el calor o la radiación y transmiten la información a una central de control para su evaluación.

TIPOS DE DETECTORES

Los detectores automáticos que se utilizan generalmente en la práctica son los siguientes:

Tipo de detectores
- Detector de calor
  - Temperatura fija
  - Temperatura fija y/o diferencial
- Detector de humo
  - Por ionización
  - Fotoeléctrico
- Detector de llama

DETECTORES DE CALOR

Son aquellos que reaccionan frente a un aumento de temperatura, por ello también se los suele denominar *detectores térmicos*.

Pueden ser de:

- Temperatura fija.
- Temperatura fija y/o diferencial.

Detectores de temperatura fija

Este tipo de detectores están diseñados para dar aviso de incendio cuando la temperatura ambiente alcanza un valor fijo predeterminado, que se considera crítico.

Consta de un elemento *bimetálico* que como su nombre lo indica son dos metales con distinto coeficiente de dilatación.

De esa manera, cuando recibe una fuente de calor el bimetálico se deforma, aprovechándose ese movimiento para cerrar un contacto eléctrico.

En la figura 3-IV se muestra un tipo de detector de estas características.

Generalmente se los regula para que actúen con temperaturas de ambiente de 68° o 79°C, según los casos.

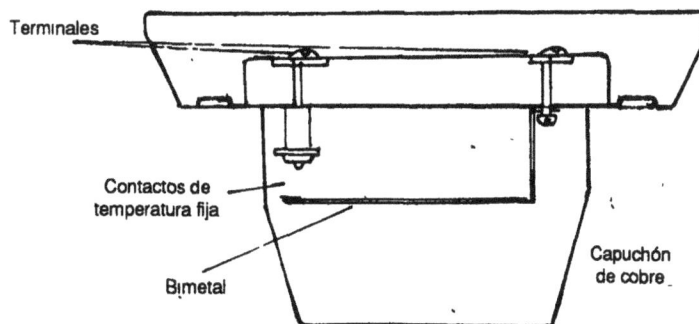

Fig. 3-IV. Detalle de detector de temperatura fija

Otros tipos de detectores de temperatura fija son los que cuentan con un elemento fusible o ampolletas de cuarzo, que generalmente se utilizan en combinación con rociadores para la extinción como se verá posteriormente.

Detectores de temperatura fija y/o diferencial

Este tipo consta de dos sistemas de detección:

* Temperatura fija, mediante un bimetálico, como valor límite.
* Aumento anormal de temperatura en un determinado tiempo.

De esa forma un elemento bimetálico opera un contacto eléctrico cuando se alcanza la temperatura prefijada para el detector.

Además, otro sistema acciona un contacto eléctrico cuando el incremento de temperatura supera una determinada velocidad que puede ser por ejemplo de 8°C por minuto, independientemente de la temperatura inicial del aire.

En la figura 4-IV se muestra las características de este detector. Se observa que si la temperatura asciende rápidamente como consecuencia de un incendio, la expansión del aire produce la flexión del diafragma, que conecta el contacto eléctrico.

Si el aumento de temperatura no es brusco existe una válvula de compensación calibrada por lo que este elemento no funciona, de modo que si la temperatura llega a valores elevados, actúa el elemento bimetálico.

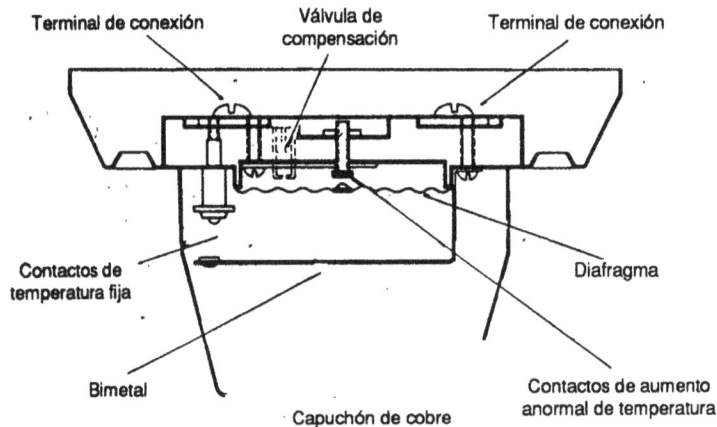

Fig. 4-IV. Detalle de detector de temperatura fija y/o diferencial

DETECTORES DE HUMOS

Son aquellos que reaccionan frente a los productos de la combustión contenidos en el aire.

Pueden ser:

* Detectores por ionización.
* Detectores fotoeléctricos.

Detectores por ionización

Son aquellos que reaccionan frente a los productos de la combustión que pueden ejercer influencia en la corriente de una *cámara sensora de ionización* existente en el detector.

El principio de funcionamiento de un detector de humo por ionización se basa en una pequeña cantidad de material radiactivo que *ioniza* el aire en la cámara sensora, permitiendo la circulación de corriente entre dos electrodos, al hacerse el aire conductor, según se observa en la figura 5-IV.

Cuando partículas de humo penetran en el área de ionización provocan una disminución de la conductibilidad del aire, por efecto de adherencia de los iones, causando una reducción del flujo de corriente circulante, originando entonces la actuación del detector.

Existen numerosos tipos y características de detectores y en la figura 6-IV se muestra uno de ellos.

El modelo más común es el que posee *dos cámaras de ionización*, una externa y otra interna.

El humo y los gases de la combustión entran libremente en la externa, no así en la interna que es del tipo cerrada.

Ambas cámaras son ionizadas por una fuente radiactiva que produce en ambas una débil corriente.

Cuando penetra el humo en la cámara externa modifican la relación de corriente en ambas cámaras y dicha variación es amplificada en el detector y transmitida a la central receptora.

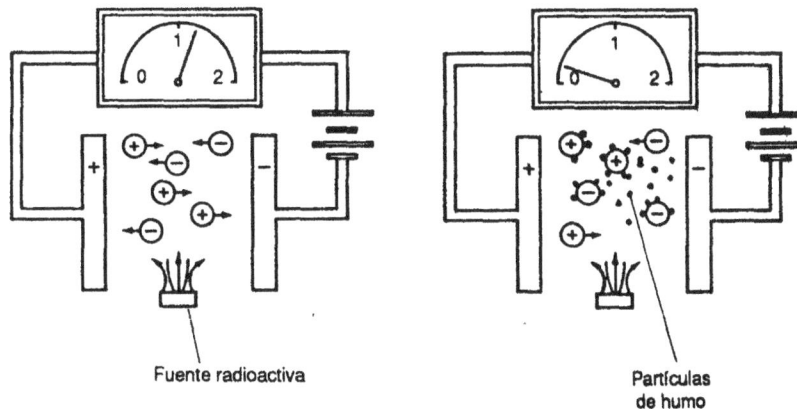

Fuente radioactiva

Partículas de humo

Fig. 5-IV. Esquema de funcionamiento del detector por ionización

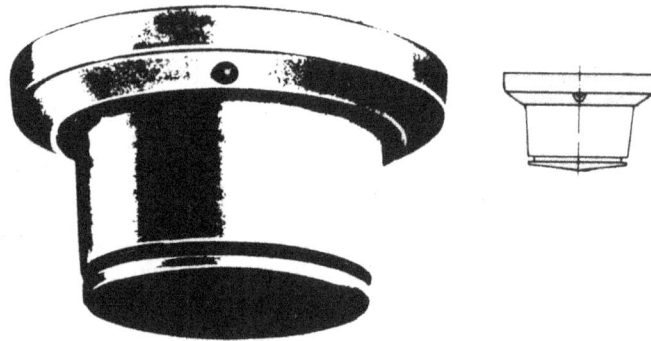

Fig. 6-IV. Características del detector por ionización

Detectores fotoeléctricos

Son aquellos que reaccionan frente a los productos de la combustión que pueden ejercer influencia en la atenuación a la dispersión de la luz, dentro del margen infrarrojo, visible y/o ultravioleta del espectro electromagnético (Efecto Tyndall).

Estos detectores son también llamados *detectores ópticos de humo*, constan de una fuente de luz y un elemento receptor fotosensible que se encuentran alojados en un recinto o cámara oscura.

El diseño del cerramiento de esta cámara es tal que permite el acceso del humo a su interior, pero impide el ingreso de luz exterior. La fuente luminosa que opera intermitentemente cada 5 segundos, emite un haz de luz que es absorbido por la superficie oscura de la cámara, para evitar falsas alarmas por centelleos de corta duración.

Cuando se introduce humo, los rayos del haz se dispersan por reflexión iluminando de esa forma el elemento fotosensible, que provoca la alteración de corriente eléctrica del circuito.

En la figura 7-IV se muestra el funcionamiento de este tipo de detector.

La variación de corriente es amplificada en el detector y cuando se produce dos veces simultáneamente, se transmite la señal a la central de control.

En la figura 8-IV se muestra el detalle de las características constructivas de este detector.

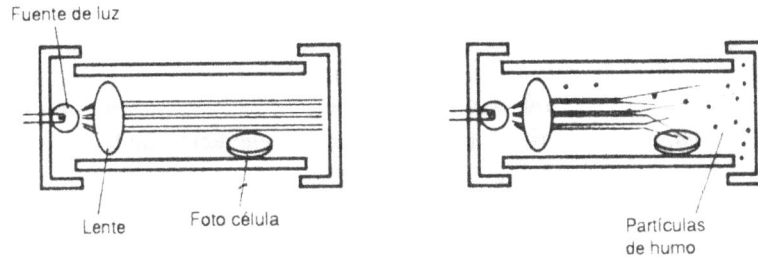

Fig. 7-IV. Esquema de funcionamiento del detector fotoeléctrico

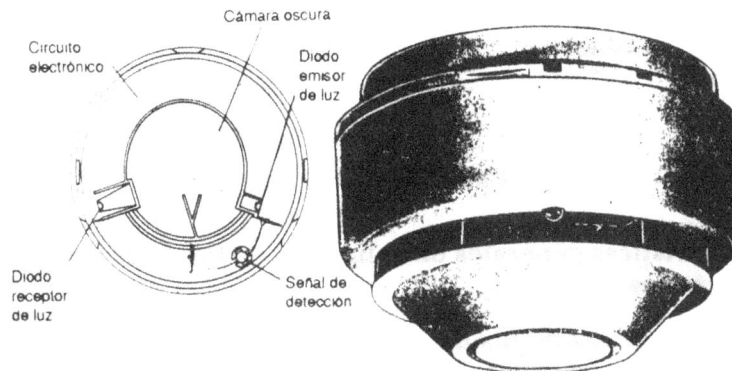

Fig. 8-IV. Características constructivas del detector fotoeléctrico

DETECTORES DE LLAMA

Son aquellos que reaccionan frente a la radiación del calor que emana de los incendios.

Existen distintos tipos de detectores de llama, pudiéndose mencionar:

- Infrarrojo
- Ultravioleta
- De oscilación de llama

En la figura 9-IV se muestra un detector de llama que actúa en base a las radiaciones infrarrojas de la llama.

Al incidir la fuente de radiación infrarroja sobre un elemento foto sensible produce la actuación del detector.

Se utilizan en aquellos casos en que se puede producir llamas en forma instantánea, sin la aparición previa de humo o elevación de temperatura, como el caso de locales con productos solventes, pinturas, etc.

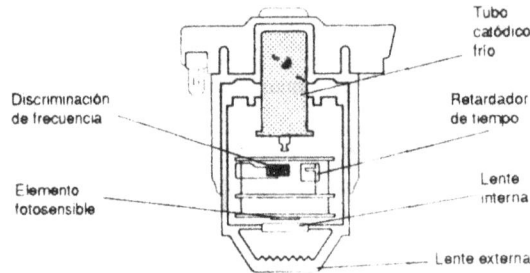

Fig. 9-IV. Detector de llamas

Características generales de aplicación de los detectores automáticos

En la elección del tipo de detector a emplear influyen un sinnúmero de factores, que depende del tipo de área a proteger en relación al riesgo de incendio y de las características particulares del ambiente.

Por ejemplo la influencia del ambiente sobre el área protegida, como corrientes de aire, humo, polución del aire, vapores, grado de humedad, polvo, peligro de explosión, etc.

Cada uno de los detectores tiene su característica de aplicación. Por ejemplo para un *fuego de desarrollo lento* que se caracteriza por formación de humo y poca difusión del calor, el detector de humo es el más adecuado.

Para fuegos de *desarrollo rápido*, que se caracteriza por la elevada producción de humo y a su vez una elevada irradiación de calor con producción de llama puede aplicarse el detector de humo complementados con detectores de calor y llama.

En general entonces el *detector básico para la advertencia precoz de incendio es el detector de humo,* pudiendo ser complementados por los otros tipos de detectores.

Sin embargo los detectores de humo no son aptos para instalarlos en lugares donde es normal la presencia de humo, vapores, gases de combustión o fuertes desplazamientos de aire, tales como oficinas con gran cantidad de fumadores, cocinas, garages, conductos de ventilación, etc.

Además debe ser adecuada la sensibilidad de respuesta de modo de *evitar falsas alarmas* lo que redunda en la confiabilidad del sistema.

Se puede mencionar la siguiente guía de orientación:

Detectores de humo por ionización

No debe ser aplicado en ambientes donde predominen las siguientes condiciones:

- Humedad mayor del 95%.
- Corriente de aire excesiva (mayor de 5 m/seg).
- Exceso de polvo.
- Producción de vapor y gas normal de combustión.
- Locales sin buena extracción de humos.
- Garages y playas de estacionamiento.
- Cocinas, restaurant.

Detectores ópticos de humo

Adecuados para:

- Protección combinada con detectores de humo por ionización, para riesgos eléctricos.
- Areas donde la velocidad de las corrientes de aire es elevada.

Inadecuados para:

- Fuegos donde existe humo negro.
- Locales con polvo y suciedad en alto grado.
- Locales con vapor y niebla.

Detectores de calor

Adecuados para:

- Locales con humedad.
- Procesos de elaboración que causan humos o vapor.
- Cocinas, restaurant.
- Garages y áreas de estacionamiento.

Inadecuados para:

- Locales donde pueda esperarse fuegos sin llamas.

- Locales de elevado riesgo que requieren advertencia precoz.
- Locales donde pueda haber influencias engañosas debido a fuentes de calor esporádicas.

Detectores de llama

Adecuados para:

- Detección de incendios sin humo.
- Locales amplios, conteniendo material de rápida inflamación.

Inadecuados para:

- Detección de incendios que no produzcan llamas, o denso desarrollo de humo antes que aparezcan las llamas.
- Areas donde la lente de los detectores pueda ser obstruida en la línea de visión.
- Areas donde puedan influir falsas alarmas, como rayos de sol o reflejos luminosos en general.

CENTRAL DE CONTROL Y AVISO DE INCENDIO

Constituye la parte de la instalación destinada a cumplir las siguientes funciones:

- Recibir los avisos de los detectores conectados, indicarlos en forma óptica u acústica, identificar el lugar de peligro y registrar el aviso.
- Supervisar el funcionamiento de la instalación indicando los defectos en forma óptica y acústica, como por ejemplo el caso de cortocircuitos, rotura de conductores u otros desperfectos.
- Retransmitir al grado que sea necesario el aviso de incendio a través del dispositivo de transmisión respectivo. Puede ser por ejemplo al sistema de extinción automática o al equipo de bomberos.

Están construidas con criterio modular, con indicaciones luminosas para señalizar la ocurrencia de un evento en el sistema.

Esas condiciones son la alarma propiamente dicha así como también una falla en la central.

Así suministran información como:

- Incendio.
- Fallas de energía eléctrica.

- Defectos en la línea de detección.
- Fallas en los módulos de la unidad de control.
- Derivación a tierra.
- Fallas en la línea a la alarma, etc.

Las unidades de control vienen provistas de *baterías* para caso de corte de energía y poseen un circuito cargador que las mantiene a plena carga.

En la figura 10-IV se indican algunos tipos característicos.

La unidad de control debe ser instalada en un local que sea fácilmente accesible, no afectado por la intemperie y con suficiente iluminación. Debe estar protegido con detectores de incendio.

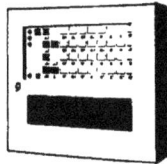

Se utiliza para instalaciones pequeñas y medianas y para funciones de alarma y de mando simples.

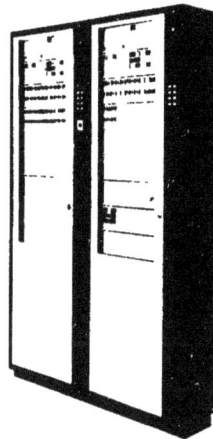

Se utiliza para instalaciones medianas y grandes. Sus funciones de alarma y de mando son múltiples y complejas.

Fig. 10-IV. Centrales de alarma de incendio

Alarma

Es la encargada de dar el aviso del incendio, que puede ser mediante una señal acústica y óptica y no están incluidas en la central de control y aviso de incendio. Puede poner en funcionamiento los sistemas de evacuación y alarma compuestos por tableros repetidores, campanas, sirenas, etc., convenientemente distribuidos.

También pueden accionar el mando de instalaciones fijas de extinción, corte del suministro de fluidos y todo accionamiento necesario para lograr la más segura prevención del riesgo de incendio.

La alarma debe ser dada de tal forma que permita identificar inmediatamente el lugar del incendio. Es necesario que la información pueda ser evaluada separadamente permitiendo así una intervención automática y/o humana rápida, adecuada a la situación.

En edificios de envergadura es conveniente subdividir el sistema de modo de poder determinar con mayor exactitud, el sector donde se está produciendo el daño.

Estas zonas pueden ser físicamente independientes, por ejemplo, locales, oficinas, galpones, etc., o por ejemplo una subdivisión de un solo local como puede ser una nave industrial de elevadas dimensiones.

Este criterio de subdivisión o *zonificación* permite además disponer accionamientos automáticos comandados por la central para cada sector, en forma independiente de las demás en el momento de producirse la alarma.

Cuando el incendio es descubierto por una persona cercana, antes que el detector dé la alarma en forma automática, se utilizan *pulsadores* de accionamiento manual, denominados *avisadores de incendio*.

Hay dos tipos básicos de avisadores manuales:

* De pulsador o botón
* De palanca

En los *pulsadores de botón*, el pulsador está protegido por un vidrio delgado, el cual debe ser roto para ser accionado, según se indica en la figura 11-IV.

Fig. 11-IV. Avisador manual de incendio

Vienen construidos para su colocación semiembutida en la pared con marco de chapa de hierro, con inscripción. También para intemperie en caja de aluminio fundido.

La necesidad de la rotura del vidrio hace que no se realicen señales falsas y se detecte de dónde provino la señal.

Los de *palanca* poseen una palanca que debe ser desplazada hacia abajo o hacia el frente que pueden tener o no vidrio de protección.

Los pulsadores de alarma deben ser instalados en todas las salidas y cerca de las vías de escape y escaleras en cada piso.

Pueden ser ubicados en puntos donde las instalaciones y equipos son peligrosos. Se lo debe colocar a una altura accesible, menor de 1,50 m. del piso.

Selección de detectores de incendios

Cuando se requiere se efectúe una supervisión completa del edificio vigilados por medio de detectores automáticos de incendio, es necesario que las distintas zonas se encuentren separadas, formando recintos independientes resistentes al fuego.

El control de detección debe incluir también:

- Fosos de ascensores.
- Conductos o plenos para el pasaje de cables eléctricos, cámaras y montajes de todo tipo en el edificio.
- Centrales de acondicionamiento de aire y ventilación, así como conductos de entrada y salida de aire.
- Zonas correspondientes a sobrepisos o cielorrasos armados.
- Espacios creados en recintos por estanterías u otros dispositivos.

Pueden considerarse algunos casos de excepción para su no instalación como por ejemplo recintos sanitarios que no contengan elementos combustibles, conductos y plenos de cables no accesibles y separados por muros a prueba de fuego o zonas pequeñas que no presentan problemas en cuanto a seguridad contra incendio.

Las áreas de supervisión se dividen en *zonas de aviso*, de modo de identificar exactamente el foco de incendio.

Las zonas de aviso se deben extender *por un solo piso* y en lo posible no deben ser mayor de 1.600 m², ubicándose los detectores en forma de grupos para lograr una inmediata localización y actuación de acuerdo a lo siguiente:

- Una zona no debe estar constituida por más de 30 detectores automáticos. Pueden ser agrupados en zonas de aviso propias las cajas de escalera, cajas de

ascensores, falsos pisos o techos, aire acondicionado y ventilación.
- Una zona con avisadores manuales no deben ser mayor de 10.
- Si existen locales que presentan condiciones particulares de riesgo de incendio, deben contar con detectores con zonas separadas.

En la figura 12-IV se muestra un ejemplo de proyecto en corte de sistema de detección automática de incendio con sus respectivas zonas de supervisión y líneas de aviso.

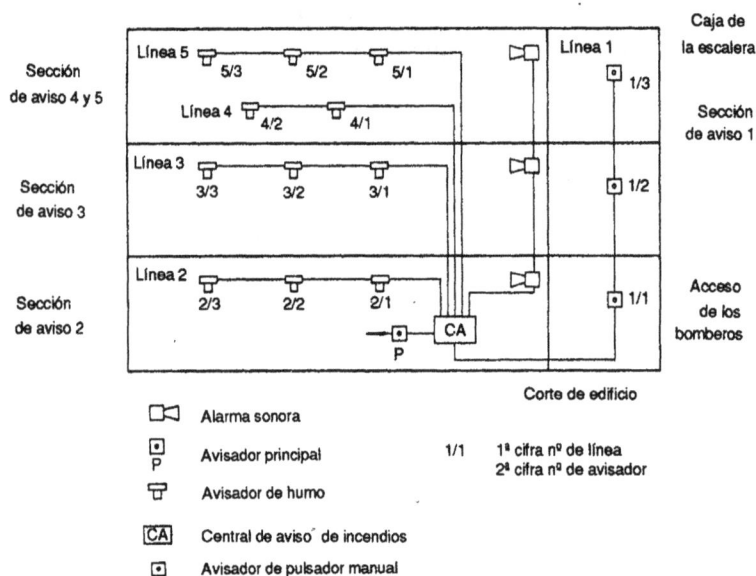

Fig. 12-IV. Proyecto de un sistema de detección

Se observa que la distribución de líneas se desarrollan en el mis:. piso, vinculándose con la central de alarma que generalmente se coloca er. portería.

La zona de caja de escaleras se desarrolla mediante una línea ᵈ avisadores manuales.

En los proyectos debe tenerse en cuenta la necesidad de *evitar la₃ alarmas erróneas* que puede ser causada por los siguientes motivos:

- Desperfectos técnicos de la instalación
- Alarma engañosa de los detectores

Para evitar las alarmas engañosas se puede emplear el método de la *dependencia de dos grupos* que consiste en que el aviso de incendio se genere sólo después de haber reaccionado un detector de grupos de detectores relacionados entre sí.

En la figura 13-IV se detalla un proyecto en planta de una instalación de detección de incendio, en la que se han tenido en cuenta la dependencia de los grupos de detectores en las líneas 3 y 4.

Otra forma es la *dependencia de dos detectores*, en la que el aviso se inicia, sólo después de haber reaccionado dos detectores de un mismo grupo.

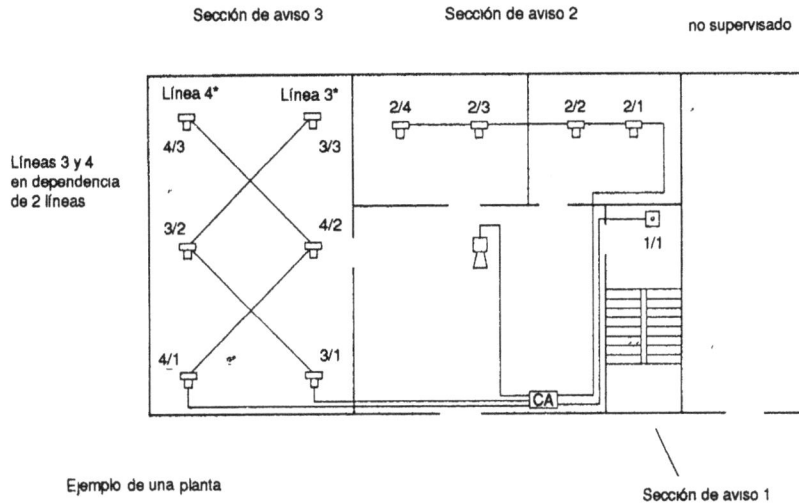

Fig. 13-IV. Sistema de detección con dependencia de grupos

Influencia de la altura del local

La concentración uniforme de humos es mayor cuando se trata de locales altos o cuando haya más distancia entre el techo y el foco del incendio.

En estos casos sin embargo se produce una disminución de la concentración de humos, en virtud del mayor volumen de aire. De esa manera, la sensibilidad de los detectores disminuye.

En la figura 14-IV se detalla esquemáticamente lo indicado anteriormente.

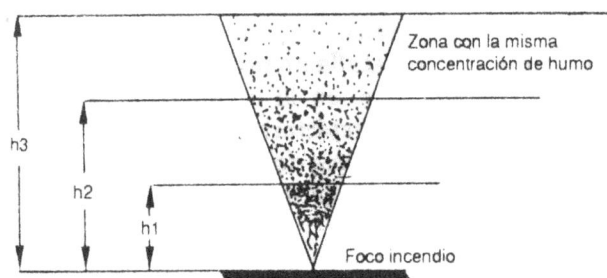

Fig. 14-IV. Disminución de la concentración de humos a diferentes alturas del local

. Por ello la reacción de los distintos tipos de detectores, influye en su elección.

Así en la planilla que se inserta como cuadro 1-IV, se establece una guía orientativa que especifica la idoneidad de los distintos tipos de avisadores de incendio en función de la altura del local.

CUADRO 1-IV. APLICACIÓN DE DETECTORES
EN FUNCIÓN DE LA ALTURA DEL LOCAL

Altura del local (m)	Detector de calor	Detector de humos	Detector de llama
< 1,50	○	●	○
1,5 a 4,5	○	●	●
4,5 a 6	○	●	●
6 a 7,5	○	●	●
7,5 a 12	—	○	●
12 a 20	—	—	○

Referencia: — No recomendable
　　　　　　 ○ Recomendable
　　　　　　 ● Muy recomendable

Cálculo de detectores de incendio

El número y disposición de los detectores automáticos de incendio se debe regir por los siguientes parámetros:

- Tipo de detector.
- Características físicas del espacio como ser: dimensiones, forma del techo y cubierta, etc.
- Tipo de aplicación.
- Condiciones que existan en los locales supervisados.

CUADRO 2-IV. TABLA PARA CÁLCULO DE DETECTORES DE INCENDIO

Superficie del recinto supervisado	Tipo de detector de incendios	Altura del recinto	Superficie máxima supervisada (A) y distancia horizontal máxima permisible entre el detector de incendios y un punto cualquiera del techo (D) y curvas límites correspondientes (K)												
			Inclinación de la cubierta[1]												
			Hasta 15°			> 15-30°			> 30°						
			A	D		A	D		A	D					
≤ 80 m²	Detector de humos	≤ 12 m	80 m²	6,7 m	K_7	80 m²	7,2 m	K_8	80 m²	8,0 m	K_9				
> 80 m²	Detector de humos	≤ 6 m	60 m²	5,8 m	K_5	80 m²	7,2 m	K_8	100 m²	9,0 m	K_{10}				
	Detector de humos	6-12 m	80 m²	6,7 m	K_7	100 m²	8,0 m	K_9	120 m²	9,9 m	K_{11}				
≤ 30 m²	Detector térmico	Hasta 7,5 m	30 m²	4,4 m	K_2	30 m²	4,9 m	K_3	30 m²	5,5 m	K_4				
> 30 m²	Detector térmico	Hasta 7,5 m	20 m²	3,6 m	K_1	30 m²	4,9 m	K_3	40 m²	6,3 m	K_6				
	Detector de llamas	1,5 - 20 m	Determinación en cada caso individual												

A = Superficie máxima supervisada por detector.

D = Distancia máxima horizontal permisible desde cualquier punto del techo hasta un detector.

K_1 - K_{11} = Curvas límite para averiguar la distancia horizontal permisible entre los detectores (ver gráfico figura 15-IV).

1) Angulo que forme la inclinación del techo con la horizontal, si la cubierta tuviere diferentes inclinaciones, p. ej. cubiertas en diente de sierra, se toma en cuenta la inclinación más pequeña.

En el cuadro 2-IV se inserta una planilla que permite determinar la cantidad de detectores de acuerdo a las normas alemanas VDS.

Los detectores deben distribuirse de modo que ningún punto del techo esté situado a una distancia horizontal mayor que la indicada en la columna de valores de D.

Por otra parte, para el proyecto los avisadores deben en forma ideal ubicarse detectando *áreas compuestas por lados iguales*, a y b.

Sin embargo se establecen o admiten variaciones de lados a y b, mediante *curvas límites K* indicadas en cada caso particular para el detector seleccionado, las que están representadas en el gráfico de la figura 15-IV.

Para *aprovechar el área máxima de supervisión*, deben establecerse las distancias a y b en las curvas límites de K correspondientes, dentro de los valores *indicados en trazos gruesos*.

Ejemplo

Supóngase una nave industrial de las siguientes características que debe ser protegida con detectores de humo:

- Dimensiones: 30 x 40 m = 1200 m²
- Altura: 8 m
- Techo inclinado a 15°

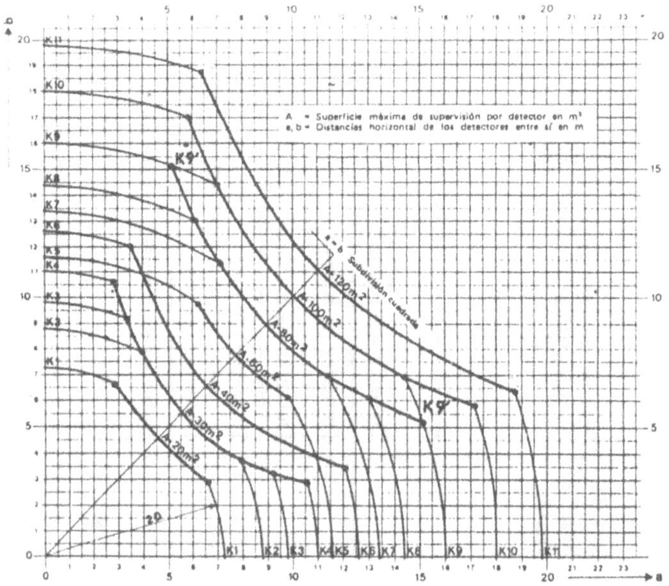

Figura 15-IV. Gráfico para determinar la distancia entre detectores en función del área supervisada.

Mediante la aplicación de la tabla del cuadro 2-IV, para una superficie del local a supervisar mayor de 80 m²; altura del local entre 6 y 12 m; y una inclinación de techo hasta 15°, se tiene que la superficie máxima de supervisión A de cada detector es de 80 m².

En el proyecto debe tenerse en cuenta que ningún área del techo esté a una distancia horizontal máxima D de cualquier detector de 6,7 m, según se consigna en la tabla del cuadro 2-IV.

Por otra parte la separación de los detectores en función del área supervisada puede determinarse mediante el gráfico de la figura correspondiendo en este caso a la curva límite K7.

En dicha curva se eligen teniendo en cuenta las características geométricas del local

a = 8 metros
b = 10 metros

El producto de ambos valores da el área supervisada de 80 m².
De esa manera se tienen que emplear como mínimo:

$$\frac{1200 \ m^2}{80 \ m^2} = 15 \ \text{detectores}$$

En la figura 16-IV se indica la distribución de los detectores en este caso.

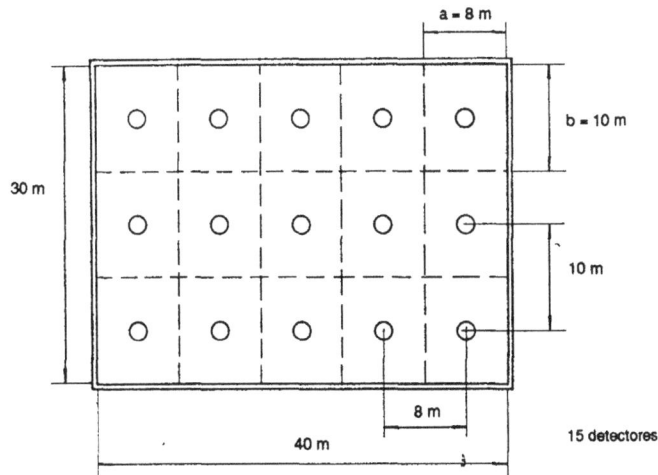

Fig. 16-IV. Distribución de detectores en planta

Distancia de detectores con respecto a techos

Los detectores de calor o térmicos deben instalarse siempre directamente en el techo.

En cuanto a los detectores de humos, la distancia se establece en función de la tabla del cuadro 3-IV.

CUADRO 3-IV. DISTANCIA DEL DETECTOR DE HUMOS
CON RESPECTO AL TECHO EN MM

Altura del local en mm H	Inclinación del techo α < 15°		Inclinación del techo α: 15° - 30°		Inclinación del techo α > 30°	
	h: mín.	h: máx.	h: mín.	h: máx.	h: mín.	h: máx.
< 6	30	200	200	300	300	500
6 - 8	70	250	250	400	400	600
8 - 10	100	300	300	500	500	700
10 - 12	150	350	350	600	600	800

En la figura 17-IV se muestran la ubicación de los detectores de humos para distintas construcciones de techos, determinándose las dimensiones con la aplicación de la tabla del cuadro 3-IV.

Ubicación de detectores en techos con vigas

A fin de tener en cuenta la influencia de las vigas, puede considerarse el gráfico de la figura 18-IV que establece la disposición de los detectores en función de las alturas de las vigas y del local considerado.

Si en el análisis efectuado el punto cae en el *área sombreada*, deben considerarse la influencia de las vigas, de acuerdo a lo consignado en la planilla del cuadro 4-IV.

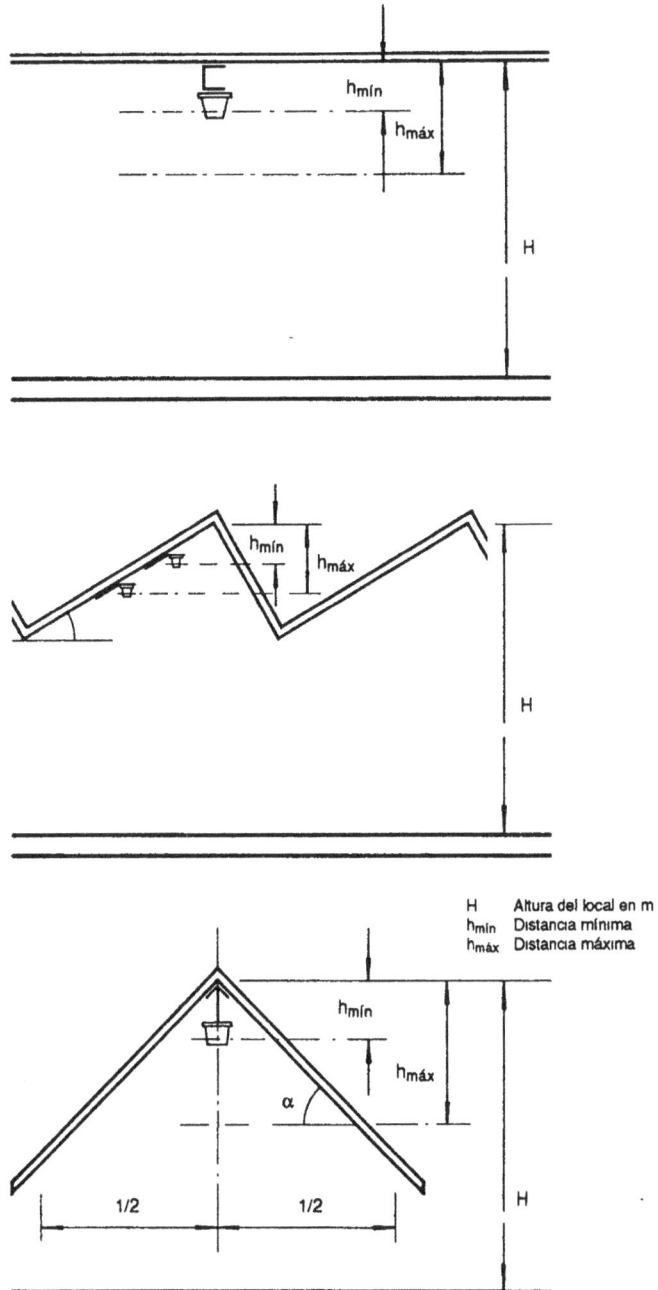

Fig. 17-IV. Forma de instalación de detectores de humos para
distintas disposiciones de techos

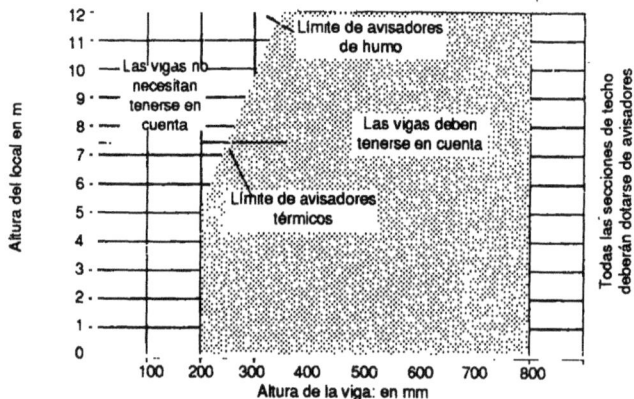

Fig. 18-IV. Gráfico para determinar la influencia de las vigas

CUADRO 4-IV. PLANILLA PARA PROYECTO DE DETECTORES EN PANELES
FORMADOS POR VIGAS (ÁREA SOMBREADA CUADRO)

Area de paneles techo formado entre vigas	Se debe colocar en los paneles formados por vigas
< 0,6 *Veces el área máxima supervisada por el detector	Detectores según planilla del cuadro 5 -IV.
≥ 0,6 ≤ 1 "	1 detector por panel
> 1 "	Detectores como si fueran recintos propios (Planilla del cuadro 2-IV)
* Area máxima supervisada por el detector según planilla del cuadro 2-IV.	

Se desprende del cuadro 4-IV que en caso que el área de panel de techo formado por las vigas sea menor que 0,6 veces el área máxima supervisada por el detector, debe aplicarse la planilla del cuadro 5-IV.

CUADRO 5-IV. INSTALACIÓN DE DETECTORES EN ÁREAS FORMADAS POR
VIGAS DE SUPERFICIE MENORES DE 0,6 VECES EL ÁREA MÁXIMA
SUPERVISADA POR EL DETECTOR.

Superficie máxima de supervisión $A_{máx.}$		Tamaño de la sección de techo en m²	Instalación de un avisador en cada
Avisador térmico	20 m²	> 12	sección
		8 - 12	2ª sección
		6 - 8	3ª sección
		4 - 6	4ª sección
		< 4	5ª sección
	30 m²	> 18	sección
		12 - 18	2ª sección
		9 - 12	3ª sección
		6 - 9	4ª sección
		< 6	5ª sección
Avisador de humo	60 m²	> 36	sección
		24 - 36	2ª sección
		18 - 24	3ª sección
		12 - 18	4ª sección
		< 12	5ª sección
	80 m²	> 48	sección
		32 - 48	2ª sección
		24 - 32	3ª sección
		16 - 24	4ª sección
		< 16	5ª sección

Por otra parte, si la altura de la viga es superior a 0,80 m, según se muestra en el gráfico de la fig. 18-IV, debe preverse un detector de incendio en cada panel, cualquiera sea la altura del local.

Distancia de los detectores a las paredes

La distancia de los detectores hacia las paredes *no deben ser inferiores a 0,50 m*, excepto en pasillos, conductos y partes similares de edificios que tengan menos de 1 m de ancho.

Si existen vigas, elementos transversales como conductos de ventilación y aire acondicionado que pase por debajo del techo con una separación menor de 15 cm, debe cumplimentarse también la distancia lateral mínima del detector de 0,50 m.

En caso que existan materiales almacenados, equipos o instalaciones, la distancia horizontal y vertical del detector no debe ser menor de 0,50 m.

Ubicación de detectores en pasillos estrechos y paneles de techo

En pasillos estrechos y paneles de techo de anchos menores a 3 m se pueden adoptar una distancia máxima para detectores térmicos de 10 m y para detectores de humos de 15 m, sin sobrepasar la superficie máxima de supervisión.

La distancia entre el detector y la superficie frontal del pasillo o del panel de techo no debe ser superior a la mitad de los valores indicados anteriormente.

Por otra parte en las zonas de cruce de pasillos se debe disponer un detector.

Como ejemplo de ubicación de detectores de humo, se muestra en la figura 19-IV la instalación en un centro de cómputos.

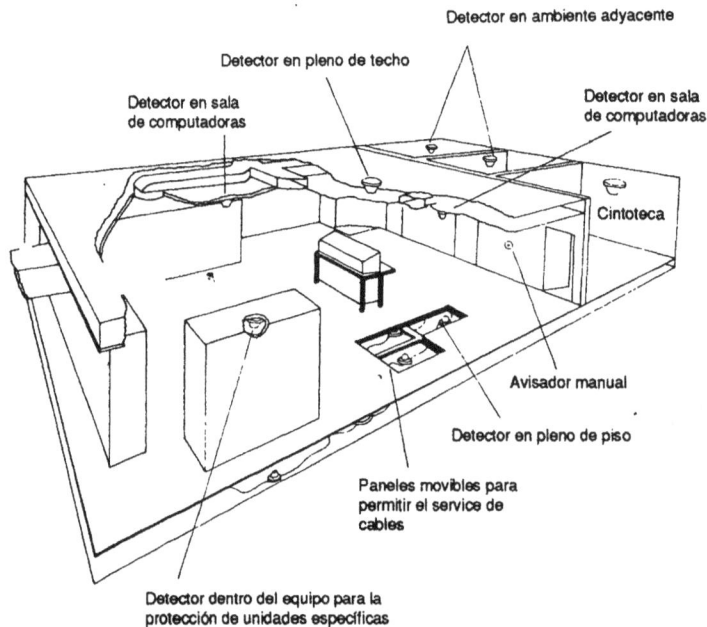

Fig. 19-IV. Instalación de detectores de humo en una sala de computadoras.

CAPITULO V

EXTINCION

FORMAS DE EXTINCIÓN

Para determinar los sistemas de extinción deben analizarse los conceptos sobre el proceso de combustión.

Se había mencionado en el capítulo I que para que se produzca la combustión era necesario que existan tres elementos fundamentales:

- Combustible o elemento que se quema.
- Comburente u oxígeno que interviene en el proceso de combustión.
- Temperatura de ignición lo suficientemente elevada como para producir el encendido.

La técnica de la extinción de los incendios consiste en *eliminar por lo menos uno* de estos factores incidentes.

Cuando se produjo el incendio, el combustible es prácticamente imposible de eliminar porque constituye parte del mismo, debiéndose separar materias o elementos, lo que puede hacerse con ciertas limitaciones. Por ello, la característica de los métodos de extinción se circunscribe a atacar los otros dos factores, básicamente por medio de:

- *Enfriamiento* del material, por debajo de la temperatura de ignición.
- *Sofocación* o ahogamiento, reduciendo el oxígeno o comburente del ambiente que rodea el fuego.

Los sistemas de extinción a emplear, su tamaño y potencia extintora, debe estar basado en el tipo de fuego que se debe atacar.

TIPOS DE FUEGO

Se pueden considerar cuatro clases de fuego, en virtud de la característica del material que arde, de acuerdo a lo siguiente:

- Fuego de clase A
- Fuego de clase B
- Fuego de clase C
- Fuego de clase D

En la figura 1-V se indica la forma en que generalmente se representan estos tipos de fuegos.

Fig. 1-V. Tipos de fuegos

Fuegos de clase A

Se produce en materiales sólidos comunes, tales como madera, fibras de maderas, carbón, papel, textiles, cartones, gomas, plásticos, etc., como se indica en la figura 2-V.

Esta clase de fuegos se combaten mediante *enfriamiento* ya sea con agua o con soluciones que la contengan en gran proporción.

Fig. 2-V. Fuegos clase A

Fuegos de clase B

Comprende los líquidos inflamables tales como nafta, aceite, grasas, pinturas, solventes, etc., en los cuales se produce la inflamación sobre la superficie del líquido, como se indica en la figura 3-V.

Se extingue por *sofocación*, restringiendo la presencia de oxígeno.

Se utilizan *espumas* formadas por pequeñas burbujas que flotan libremente sobre la superficie del líquido, creando una barrera que reduce sensiblemente la llegada de oxígeno a la reacción química de la combustión.

Otra forma es la utilización de *polvo químico seco* que cumple los mismos fines indicados precedentemente.

También se emplean gases como el *anhidrido carbónico o halón 1211 o 1301.*

Fig. 3-V. Fuegos clase B

Fuego de clase C

Se trata de *fuego de materiales eléctricos* o instalaciones o equipos sometidos a la acción de la corriente eléctrica, que se encuentran bajo tensión, como se señala en la figura 4-V.

Los fuegos de estos componentes, cuando no existe corriente eléctrica, pueden quedar clasificados dentro del tipo A o B, descripto precedentemente.

Deben entonces emplearse elementos de extinción que actúen por sofocación o enfriamiento, pero además *no deben ser conductores de electricidad.*

Por ello se emplean gases como el *anhidrido carbónico* o el *halón 1211 o 1301*, u otros elementos poco conductores de electricidad, como el polvo químico seco.

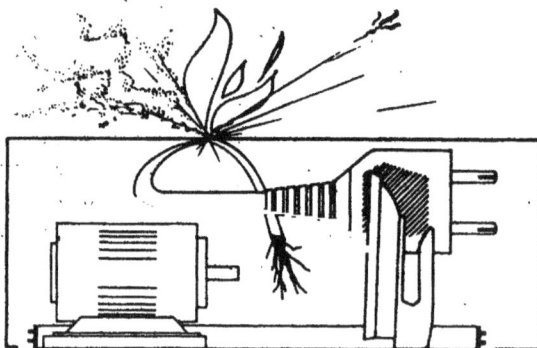

Fig. 4-V. Fuegos clase C

Fuegos de clase D

Se refiere a *fuego sobre metales combustibles* como el magnesio, circonio, titanio, litio, sodio, etc.

Para controlar el fuego de este tipo se utilizan *polvos especiales* para cada uno de ellos, no pudiendo emplearse ninguno de los agentes convencionales descriptos precedentemente.

Como técnica de extinción se recurre a cubrirlos o asfixiarlos con arena o escorias.

Sistemas de extinción

Los elementos e instalaciones destinadas a la extinción se pueden clasificar en:

* Extintores portátiles o matafuegos (Capítulo VI)
* Equipos de instalaciones fijas

Son elementos que se encuentran instalados en forma permanente en el edificio, destinados a la extinción del incendio en sus distintas etapas, que pueden funcionar manual o automáticamente.

Pueden consistir en:

* *Servicio de agua contra incendio* (Capítulo VII)
* *Sistemas de inundación* (Capítulo VIII)
  Se inundan los sectores de incendio con agentes extintores como anhidrido carbónico, halón, espuma, etc.

CONDICIONES DE EXTINCION

Las condiciones de extinción constituyen el conjunto de exigencias destinadas a suministrar los medios que faciliten la extinción de un incendio en sus distintas etapas.

Para facilitar la extinción del incendio los sótanos con superficie de planta igual o mayor que 65 m² deben tener en su techo *aberturas de ataque* de características físicas, técnicas y mecánicas apropiadas.

La Reglamentación de la Ley de Higiene y Seguridad en el Trabajo, exige que estas aberturas deben ser circulares de 0,25 m de diámetro, fácilmente identificables en el piso inmediato superior y cerradas con baldosas, vidrio de piso o chapa metálica sobre marco o bastidor, instaladas a razón de una cada 65 m².

Cuando existen dos o más sótanos superpuestos, cada uno debe cumplir con el requerimiento prescripto precedentemente.

Además a una distancia inferior a 5 m de la Línea Municipal, en el nivel de acceso deben existir elementos que permitan cortar el suministro de gas, electricidad u otro fluido inflamable que abastezca el edificio.

Por otra parte, se debe asegurar mediante líneas o elementos especiales el funcionamiento del equipo hidroneumático de incendio cuando éste se instale, las bombas elevadoras de agua, ascensores contra incendio, de la iluminación y señalización de los medios de escape y de todo otro sistema afectado a la extinción o evacuación, cuando el edificio queda sin corriente eléctrica en caso de un siniestro.

CONDICIONES ESPECIFICAS DE EXTINCION

Las condiciones específicas de extinción son caracterizadas por la letra E seguida de un número de orden, de acuerdo a lo establecido en la planilla del cuadro 1-V.

Estas condiciones son las siguientes:

Condición E_1

Debe contar con un *servicio de agua contra incendio*, de acuerdo a lo que se explicará en el Capítulo VII.

Condición E_2

Debe haber necesariamente en el caso de cine o teatro un tanque cuya capacidad debe ser un 25% mayor que la exigida por el Reglamento

CUADRO 1-V. PROTECCIÓN CONTRA INCENDIO

Usos (ver cuadro 1)		Riesgo	Condiciones específicas de Extinción								
			E1	E2	E3	E4	E5	E6	E7	E8	E9
Vivienda residencia colectiva		3									
Comercio	Banco, Hotel	3								●	
	Actividades administrativas	3								●	
	Locales comerciales	2	Satisfará lo indicado en depósito de inflamables								
		3				●					
		4								●	
	Galería comercial	3				●					
	Sanidad y salubridad	4								●	
Industria		2	Satisfará lo indicado en depósito de inflamables								
		3			●						
		4			●						
Depósito de garrafas		1	●								
Depósitos		2									
		3			●						
		4			●						
Educación		4								●	
Espectáculos y Diversiones	Cine, Teatro (+ 200 loc.)	3	●	●							
	Televisión	3			●						
	Estadio	4					●				
	Otros rubros	4				●					
Actividades religiosas		4									
Actividades culturales		4								●	
Auto-motores	Estación de servicio - Garage	3							●		
	Industria-T. mecánico-Pintura	3							●		
	Comercio-Depósito	4				●					
	Guarda mecanizada	3						●			
Aire libre (exclusivo playas de estacionamiento)	Depósitos e industrias	2									●
		3									●
		4									●

vigente de Obras Sanitarias para el servicio total del edificio, y nunca menor de 20 m³.

El nivel del fondo del tanque debe estar a no menos que 5 m por encima del techo más elevado del local que requiera esta condición.

El número de bocas y su distribución debe ser el adecuado. Las mangueras de las salas deben tener una longitud que permita cubrir toda la superficie del piso.

Se deben instalar sistemas de lluvias o rociadores, de modo que cubran el área del escenario y tengan elementos paralelos al telón de seguridad.

Condición E_3

Cada sector de incendio o conjunto de sectores de incendio comunicados entre sí con superficie cubierta mayor que 600 m², debe cumplir la Condición E_1. La superficie citada se debe reducir a 300 m², en subsuelos.

Condición E_4

Cada sector de incendio o conjunto de sectores comunicados entre sí con superficie de piso acumulada mayor que 1000 m², debe cumplir con la Condición E_1. La superficie citada se debe reducir a 500 m² en subsuelos.

Condición E_5

En los estadios abiertos o cerrados con más de 10.000 localidades se debe colocar un servicio de agua a presión, satisfaciendo la condición E_1.

Condición E_6

Se realiza una conexión directa de 76 mm con la red de Obras Sanitarias.

Condición E_7

Debe cumplir la prevención E_1 si el uso posee más de 500 m² de superficie cubierta sobre el nivel oficial del predio o más de 150 m² si está bajo nivel que aquél y constituyendo sótano.

Condición E_8

Si el uso tiene más de 1500 m² de superficie cubierta, debe cumplir la prevención E_1. En subsuelos la superficie se debe reducir a 800 m².
Debe haber una boca de impulsión.

Condición E_9

Los depósitos e industrias de riesgo 2, 3 y 4 que se desarrollen al aire libre, deben cumplir la condición E_1, cuando poseen más de 600, 1000 y 1500 m² de superficie de predio o suma de los predios catastrales sobre los cuales funcionan respectivamente.

Cuando un mismo uso, constituyendo un sector de incendio, ocupa subsuelo/s y piso/s superior/es, a los efectos de la aplicación de las condiciones E_3, E_4, E_7 o E_8, según corresponda, se adiciona 1 m² por cada 2 m² de la superficie cubierta ocupada por ese uso en otra planta o viceversa.

Sistemas de extinción en depósitos inflamables

En los depósitos inflamables deben respetarse las siguientes condiciones mínimas para la extinción de incendios, las que se determinan en base a la cantidad de litros de inflamables de primera categoría o equivalentes que se almacenan en los mismos. Así para:

- *Más de 200 hasta 500 litros*
  Deben estar equipados con cuatro matafuegos de anhidrido carbónico de 3,5 kg de capacidad cada uno, emplazados a una distancia no mayor de 10 m.
- *Más de 500 hasta 1000 litros*
  La instalación debe contar con equipo fijo de extinción de anhidrido carbónico de accionamiento manual externo o un matafuego, a espuma mecánica sobre ruedas de 150 litros de capacidad, según corresponda.
- *Más de 1000 hasta 10.000 litros*
  La instalación de extinción debe estar equipada con dos líneas de 63,5 mm de diámetro interior y boquilla de niebla a una presión de 4 kg/cm² en posible servicio simultáneo si posee más de 5000 litros. En caso contrario se debe prever una sola línea y además en ambos casos, matafuegos adecuados.

Sistemas de extinción en garages

Los garages deben contar con matafuegos, baldes con agua y baldes con arena, en la cantidad estipulada en el cuadro 2-V según el Código de Edificación.

Un garage o parte de él *ubicado en un primer sótano* de superficie mayor de 150 m², debe cumplir además la Condición E_1.

Para *mayor cantidad de sótanos*, debe haber, además, para los ubicados debajo del primero, un sistema de *rociadores automáticos*.

Casos particulares

Toda pileta de natación o estanque con agua, excepto el de incendio, cuyo fondo se encuentre sobre el nivel del predio, de capacidad no menor de 30 m³, debe equiparse de una cañería de 76 mm de diámetro, que permita tomar su caudal desde el frente del edificio, mediante una llave doble de incendio de 64 mm de diámetro.

Toda obra en construcción que supere los 25 m de altura debe poseer una cañería provisoria de 64 mm de diámetro interior, que remate en una boca de impulsión situada en la línea municipal.

Además debe tener como mínimo una llave de 64 mm en cada planta en donde se realicen tareas de armado del encofrado.

CUADRO 2-V. CANTIDAD DE ELEMENTOS DE EXTINCIÓN EN GARAGES

Superficie del piso	Matafuego manual	Baldes con agua	con arena
Hasta 150 m²	1	1	1
Más de 150 m², hasta 300 m²	2	2	2
Más de 300 m², hasta 500 m²	3	3	3
Más de 500 m², hasta 700 m²	4	4	4
Más de 700 m², hasta 900 m²	5	5	5
Más de 900 m², hasta 1200 m²	6	6	6
Más de 1200 m², hasta 1500 m²	7	7	7
Más de 1500 m²	Uno más cada 500 m² de exceso		

Nota: Los baldes con agua y arena deben estar pintados de rojo, ubicados formando baterías de no más de 4 baldes cada una, colgando de ganchos o ménsulas, sin trabas, en lugares fácilmente accesibles.

CAPITULO VI

EXTINTORES PORTATILES

CARACTERÍSTICAS GENERALES

Los equipos de extinción portátiles denominados *matafuegos*, se caracterizan por su accionamiento y transporte manual, como se señala en la figura 1-VI.

Fig. 1-VI. Extintor portátil

Su aplicación está destinada al inicio del foco de incendio, permitiendo su aproximación al mismo, de acuerdo al tipo de fuego, debiendo estar diseñado para esa circunstancia.

Dentro de este tipo pueden utilizarse los matafuegos portátiles sobre ruedas de mayor capacidad, para aplicaciones en edificios industriales, como se indica en la figura 2-VI.

Fig. 2-VI. Matafuegos sobre ruedas

TIPOS DE EXTINTORES

Los extintores portátiles, o matafuegos, pueden ser de distintas características de acuerdo a su aplicación, como ser:

- Agua pura
- Espuma
- Polvo químico seco
- Anhidrido Carbónico
- Halón
- Otros tipos

Extintor a base de agua pura

Este tipo de extintores es adecuado para fuegos de la clase A, actuando por efecto refrigerante.

Funciona por la presión suministrada por un tubo de gas carbónico como se muestra en la figura 3-VI, ubicado en el exterior del aparato. El agua contenida en el cuerpo del matafuego es expelida al liberarse el gas a gran presión, utilizando una manguera que lleva un pico de bronce para orientarla hacia el foco de fuego.

Extintor de espuma

Estos extintores basan primordialmente su acción por ahogamiento o sofocación, actuando sobre el oxígeno o comburente del proceso de la combustión, siendo adecuados por lo tanto para fuegos de la clase B, no así de la C dado que son conductores eléctricos.

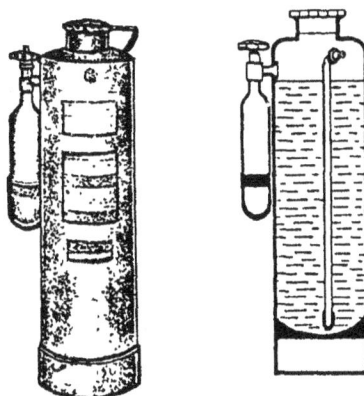

Fig. 3-VI. Extintor de agua

El concepto de su aplicación es lograr que flote libremente sobre toda la superficie del líquido inflamable, formando una capa con suficiente cohesividad, para evitar la emisión de vapores.

La extinción es provocada por los siguientes motivos:

• Sofocamiento del fuego, al reducir el contacto del oxígeno del aire con los vapores emitidos por el líquido inflamable.
• Impedir la fuga de los vapores emitidos por el combustible.
• Lograr cierto enfriamiento del líquido inflamable.

Las espumas deben tener la propiedad de resistir al calor para que no sea afectada, y además debe tener la capacidad de evitar que se sature con combustible, dado que puede provocarse la reignición del mismo.

Existen dos tipos básicos de espuma para la extinción del fuego que son:

• Espuma química
• Espuma mecánica

Espuma química

En estos extintores, la espuma química está compuesta de *burbujas de anhidrido carbónico*, formadas por la mezcla de un ácido y un álcali que constituyen la carga química.

Comúnmente se utiliza como ácido el sulfato de aluminio y como álcali, agua con bicarbonato de sodio, incluyéndose en la mezcla un agente generador de espuma o estabilizador.

El gas generado en la reacción química provoca la presión suficiente para la expulsión.

En la figura 4-VI se indica un extintor de espuma química.

La solución de sulfato de aluminio es alojada en un. botellón de vidrio suspendido de la parte superior del matafuego y el agua con bicarbonato de sodio ocupa el cuerpo principal del matafuego.

Al invertir el extintor se provoca el contacto de ambos componentes y su reacción química, con desprendimiento de gas carbónico, expulsando la espuma a gran presión por el pico.

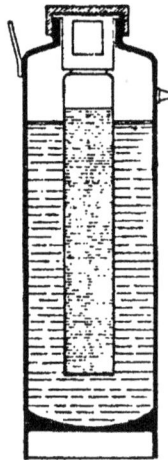

Fig. 4-VI. Extintor de espuma química

Espuma mecánica

Los extintores de espuma mecánica son también llamados de *espuma de aire*, porque las burbujas contienen aire en lugar de anhidrido carbónico.

La producción de la espuma es mecánica y no tiene lugar una reacción química como en el caso anterior.

El agente que produce la espuma es un líquido inerte, denominado *emulsor* que es introducido en una corriente de agua y obligado a expandirse en forma de espuma.

El tanque principal lleva adosado un tubo de anhidrido carbónico el cual al abrir la válvula impulsa la mezcla de agua y emulsor por una manguera de formato especial, de modo que la mezcla se emulsiona con aire, formando la espuma.

Extintor de polvo químico seco

Los extintores de polvo químico seco consisten en un recipiente principal en cuyo interior va contenida la carga, llevando adosado un tubo de anhidrido carbónico para producir la expulsión del polvo a gran presión, de acuerdo a la figura 5-VI.

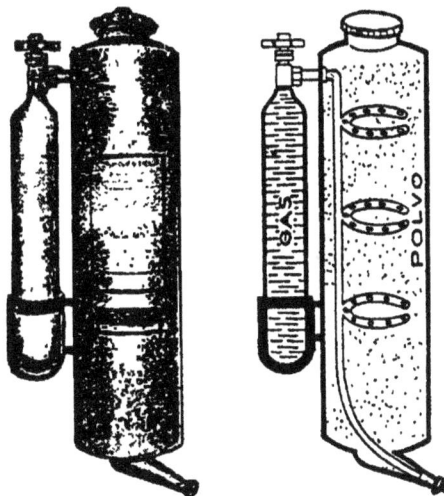

Fig. 5-VI. Matafuego de polvo químico seco

Los polvos químicos pueden ser de *base sódica* o *potásica*, combinados con distintos componentes.

De esa manera se arroja al fuego una combinación finamente pulverizada que ahoga la parte recubierta por el mismo, generando en la descomposición del polvo con el calor, anhidrido carbónico, que reduce el tenor de oxígeno en la combustión.

Por lo tanto son aptos para fuegos tipo B y C, dado que son poco conductores de la corriente eléctrica.

También existen polvos denominados *triclase*, compuesto fosfato de amonio o derivados halogenados del metano, que pueden aplicarse también para fuegos del tipo A.

Actúan por acción química interrumpiendo la reacción en cadena que produce la combustión.

Debe tenerse en cuenta que estos elementos dejan *residuos*, por lo que la aplicación de los polvos químicos requiere que se analice si no afecta a los materiales a proteger.

Extintor de anhidrido carbónico

El anhidrido carbónico es un gas inerte y de limpia actuación, no dejando residuos, lo que lo hace apropiado para su utilización en matafuegos.

El sistema de extinción a base de anhidrido carbónico actúa fundamentalmente por desplazamiento del oxígeno del aire, provocando la sofocación del incendio.

Además la rápida expansión del gas al expulsarse de los cilindros en los que se encuentra almacenado a presión, en forma líquida, provoca *un efecto refrigerante intenso* que actúa sobre las substancias en combustión, así como en la atmósfera circundante.

En la figura 6-VI se muestran las características básicas de este matafuego.

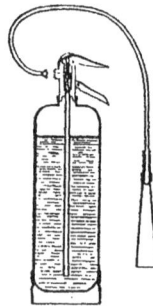

Fig. 6-VI. Matafuego de anhidrido carbónico

Se hallan provistos de una válvula de accionamiento a gatillo, con traba de seguridad y precinto, además de una válvula de seguridad.

Cuando se opera la válvula el gas escapa bajo la enorme presión, ocupando un volumen equivalente a 450 veces el volumen del líquido envasado.

La súbita expansión produce un enfriamiento que llega hasta los 78°C bajo cero, formando una especie de *nieve carbónica*.

De esa manera, el anhidrido carbónico pasa por el tubo interior y sale al exterior a través de un pico difusor que permite su gasificación y luego mediante toberas del tipo tronco-cónicas es dirigido hacia la base del fuego. Estas toberas deben ser incombustibles y construidas de material no condutor eléctrico.

El considerable efecto extintor del anhidrido carbónico, no sólo estriba en la baja temperatura que alcanza a transmitir a la substancia en combustión, sino que la nube de gas y nieve carbónica penetra en todo intersticio, permitiendo desalojar el oxígeno del aire ahogando de esa forma el fuego, provocando una atmósfera inerte. La aplicación de los extintores de anhidrido carbónico son para los casos de fuegos clase B combustibles, o C materiales eléctricos, donde la limpieza representa un problema.

Alguno de los riesgos y equipos más importantes, susceptibles de ser protegidos con el anhidrido carbónico son:

- Riesgos eléctricos tales como transformadores, equipos rotatorios, interruptores en general, motores, conductores, artefactos, etc.
- Máquinas que utilizan nafta u otros inflamables.

El anhidrido carbónico no debe usarse para proteger lo siguiente:

- Riesgos de clase A como papel, madera, textiles, sólidos inflamables, etc., ya que no sólo no es lo más efectivo, sino que insume grandes cantidades de gas.
- Compuestos químicos que son capaces de liberar oxígeno, tales como nitrato de celulosa.
- Metales tales como sodio, potasio, magnesio, titanio, zirconio, etc.

Extintores de Halón

Los halones son hidrocarburos halogenados, constituidos por compuestos químicos derivados del flúor, cloro, bromo y del metano o sea carbono e hidrógeno.

Estos elementos dan lugar a numerosas combinaciones posibles, entre los que se pueden mencionar:

- Tetracloruro de carbono (CCl_4)   Halón 104
- Bromuro de metilo (CH_3Br)   Halón 1001
- Bromoclorometano ($BrCH_2Cl$)   Halón 1011
- Bromoclorodifluormetano ($BrC.ClF_2$)   Halón 1211
- Bromotrifluormetano ($BrCF_3$)   Halón 1301
- Dibromotetrafluormetano ($Br_2F_4C_2$)   Halón 2402

El número característico de los halones representa de izquierda a derecha la cantidad de átomos de carbono, fluor, cloro y bromo.

Por ejemplo el Halón 1301 significa que tiene un átomo de carbono, tres de flúor, ninguno de cloro y uno de bromo.

Para incendio en general se emplean dos tipos de halones que son:

- Halón 1211: en locales con poco personal o bien ventilados.
- Halón 1301: en locales con mucho personal y en sistemas de inundación para extinción automática de incendio.

Los halones indicados constituyen un agente efectivo de ignición, actuando como inhibidor químico al vaporizarse sobre la llama, complementado con una acción enfriadora suave y un efecto de enertización de la atmósfera circundante al fuego.

Tienen la ventaja con respecto a los de anhidrido carbónico que son más livianos para lograr el mismo poder de extinción, no originando un efecto de enfriamiento tan intenso.

La aplicación básica de los halones 1301 y 1211 son para fuegos del tipo B y C dado que no son conductores eléctricos.

El *halón 1211* es el agente extintor más empleado en matafuegos, constituyendo equipos livianos, de buen alcance, con alta penetración en caso de fuegos con muchas obstrucciones para el acceso, como el caso de compartimiento de motores, no dejando además residuo.

Sin embargo, *no debe emplearse en concentraciones mayores del 5% en 1 minuto*, cuando se descarguen en espacios cerrados, debido a que tienen cierto grado de efecto tóxico sobre las personas, pudiendo producir mareos y desvanecimientos.

Como norma práctica puede establecerse que esa concentración límite se produce cuando se descarga 0,5 kg de gas en un volumen de 15 m^3.

El *Halón 1301* tiene menor tenor tóxico y requieren mayor presión para la descarga, por lo que se lo utiliza mucho en sistemas de inundación automática para la extinción.

La Reglamentación de la Ley de Higiene y Seguridad en el Trabajo prohíbe por su elevada toxicidad como agentes extintores *el tetracloruro de carbono* y el *bromuro de metilo*.

Limitaciones al consumo de halones

Las recientes investigaciones han detectado que el uso de los hidrocarburos halogenados como son por ejemplo los halones, tienden a la destrucción de la capa de ozono, lo que constituye un grave problema ecológico, que afecta la vida en la tierra.

Por tal motivo, en septiembre de 1987 se firmó el *protocolo de Montreal*, en una conferencia celebrada en dicha ciudad canadiense, el que fue avalado por 46 países, en la que se dispuso entre uno de sus puntos, *la reducción progresiva del consumo de los compuestos halogenados*.

El protocolo entró en vigencia desde enero de 1989 y todos sus firmantes se reunieron en mayo de 1989 en Helsinki. En esta reunión, se consideró la necesidad de intensificar los programas de reducción, proponiéndose restricciones significativas para los próximos años y totales para los primeros años, a partir del 2000.

Por tal motivo, se están efectuando intensas investigaciones a fin de encontrar un sustituto que sea equivalente, con objeto de utilizar los elementos e instalaciones existentes, de modo que representen mínimas modificaciones con costos pequeños.

De todas maneras, para los nuevos proyectos deben revaluarse los restantes métodos de prevención y control de riesgos de incendio, a la luz de la reducción de disponibilidad de halones en un futuro próximo.

Otros elementos extintores

Existen numerosos tipos de extintores que utilizan diversos elementos químicos para la extinción del fuego, entre los que se puede mencionar el *matafuego de soda ácido, granadas, baldes de arena o agua, frazadas de amianto, etc.*

Matafuego de soda-ácido

Estos elementos emplean una carga de ácido sulfúrico contenido en una botella que se coloca en la parte superior y una solución de bicarbonato de sodio en agua ubicada en el cuerpo del aparato, tal como se muestra en la figura 7-VI.

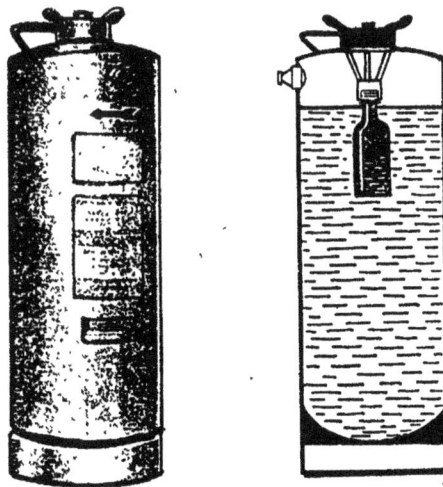

Fig. 7-VI. Extintor de soda ácido

Para su accionamiento se invierte la posición del matafuego, para la mezcla del álcali con el ácido, produciéndose anhidrido carbónico que genera la presión suficiente para alcanzar el chorro una distancia de 10 m en forma de solución acuosa.

Su acción se basa en un efecto enfriador por lo que puede ser utilizado para incendios de fuegos de clase A.

Granadas

Son elementos prácticos para extinguir en su origen pequeños focos de incendio.

Están constituidas por envases de vidrio o ampollas conteniendo un líquido extintor.

Son destinadas a ser lanzadas contra el fuego, por lo que deben ser de construcción relativamente frágil.

Baldes de arena o agua

La arena seca que se la instala en baldes, no es muy efectiva como agente extintor. Sin embargo se la emplea ventajosamente para limitar la propagación de fuegos incipientes de líquidos inflamables, formando una barrera que impida el avance de la combustión.

También se utilizan los baldes para la aplicación de agua para la extinción.

En general los baldes son del tipo metálico, construidos en chapa de H°G°, con una capacidad de 10 litros, con fondo cóncabo y asa para su fácil aplicación, de acuerdo a lo indicado en la figura 8-VI.

Fig. 8-VI. Balde para incendio

Se instalan con soportes para colgar en igual forma que los matafuegos, y su contenido, agua o arena se debe especificar claramente.

Se los pinta de color rojo para su fácil identificación.

Frazadas de amianto

Las frazadas de amianto se utilizan para apagar fuegos pequeños e incipientes por ahogamiento o sofocación.

El amianto es un material apropiado dado que es incombustible y no conductor de la energía eléctrica.

Selección de matafuegos

Los matafuegos se clasifican e identifican, asignándose una notación consistente en un número seguido por una letra, los que deben estar inscriptos en el cuerpo con carácter indeleble. De esa manera:

- *Número:* indica la capacidad relativa de extinción o potencial extintor.
- *Letra:* indica la clase de fuego a extinguir.

El potencial extintor debe ser certificado por ensayos normalizados por instituciones oficiales.

La Cámara de Aseguradores establece los valores que se consignan en la tabla del cuadro 1-VI.

CUADRO 1-VI. POTENCIAL EXTINTOR DE MATAFUEGOS

Agente extintor	Capacidad	Potencial extintor
Agua	10 l	2 A
Anhídrido carbónico	3,5 kg	2 BC
	5 kg	3 BC
	7 kg	4 BC
	10 kg	5 BC
Espuma	10 l	2 A - 4 B
Espuma productora de películas acuosas (EPPA)	10 l	2 A - 6 B
Soda ácido	10 l	2 A
Halón 1211 o 1301	1 kg	1,5 BC
	2,5 kg	3 BC
	5 kg	4 BC
	10 kg	1 A - 12 BC
	13 kg	1 A - 15 BC
Baldes con agua o arena	10 l	0,5 A

Polvo		Triclase (base fosfato de amonio)		Sódico	Potásico	Bicarbonato potásico Urea
	1,5 kg	0,5 A	2 BC	2 BC	2,5 BC	5 BC
	2,5 kg	1 A	4 BC	4 BC	5 BC	10 BC
	5 kg	1,5 A	6 BC	6 BC	7,5 BC	15 BC
	7 kg	2 A	8 BC	8 BC	10 BC	20 BC
	10 kg	3 A	12 BC	12 BC	15 BC	30 BC
	13 kg	4 A	16 BC	16 BC	20 BC	40 BC

La Ley de Seguridad e Higiene en el Trabajo, establece el potencial extintor mínimo que deben tener los matafuegos, en función del tipo y carga de fuego y el riesgo de incendio, los que deben responder a las tablas del cuadro 2-VI.

CUADRO 2-VI. PODER EXTINTOR MÍNIMO DE MATAFUEGOS

Fuegos clase A

Carga de Fuego	Riesgo				
	Riesgo 1 Explos.	Riesgo 2 Inflam.	Riesgo 3 Muy comb.	Riesgo 4 Comb.	Riesgo 5 Poco comb.
Hasta 15 kg/m²	—	—	1 A	1 A	1 A
16 a 30 kg/m²	—	—	2 A	1 A	1 A
31 a 60 kg/m²	—	—	3 A	2 A	1 A
61 a 100 kg/m²	—	—	6 A	4 A	3 A
> 100 kg/m²	A determinar en cada caso.				

Fuegos clase B

Carga de Fuego	Riesgo				
	Riesgo 1 Explos.	Riesgo 2 Inflam.	Riesgo 3 Muy comb.	Riesgo 4 Comb.	Riesgo 5 Poco comb.
Hasta 15 kg/m²	—	6 B	4 B	—	—
16 a 30 kg/m²	—	8 B	6 B	—	—
31 a 60 kg/m²	—	10 B	8 B	—	—
61 a 100 kg/m²	—	20 B	10 B	—	—
> 100 kg/m²	A determinar en cada caso.				
Se exceptúan fuegos de líquidos inflamables que presenten una superficie mayor de 1 m².					

Todo edificio debe poseer matafuegos con un potencial mínimo de extinción equivalentes a 1 A y 5 BC en cada piso, en lugares accesibles y prácticos distribuidos a razón de:

• Un matafuego cada 200 m² de superficie cubierta o fracción.
• Distancia máxima a recorrer:
— 20 m para fuegos clase A
— 15 m para fuegos clase B

El tipo de elemento à instalar debe corresponder con la clase de fuego probable.

Siempre que se encuentren equipos eléctricos energizados, se deben instalar matafuegos de la clase C.

Dado que el *fuego de clase C es en sí mismo de clase A o clase B,* los matafuegos *deben ser de un potencial extintor acorde con la magnitud de esos fuegos,* que pueden originarse en los equipos eléctricos o sus adyacencias.

Cuando exista la posibilidad de fuegos de clase D, se debe contemplar cada caso en particular.

En los fuegos de clase B de líquidos inflamables que presenten una superficie mayor de 1 m², se debe disponer de matafuegos cuyo potencial extintor determinado en base a una unidad extintora clase B, por cada 0,1 m² de superficie líquida inflamable, con relación al area de mayor riesgo, respetándose las distancias máximas indicadas precedentemente.

Las *capacidades mínimas* admitidas para los matafuegos son las siguientes:

- Agua, soda ácido, o espuma ....10 l
- Anhidrido carbónico ....3,5 kg
- Polvo ....1,5 kg
- Halón ....1 kg

Cuando la magnitud del riesgo lo haga necesario se debe incrementar la dotación de matafuegos, adicionando equipos de mayor capacidad como ser motobombas, equipos semifijos y otros similares, o también adoptar un sistema fijo contra incendio, con el agente extintor que corresponda a la clase de fuego a proteger.

El *alcance* en general depende del modelo y característica particulares, pudiéndose consignar los valores promedios establecidos en forma referencial por la tabla del cuadro 3-VI.

CUADRO 3-VI. ALCANCE DE MATAFUEGOS

Agua	7 a 9 m
Soda ácido	5 m
Espuma	6 m
Anhidrido carbónico	3 a 6 m
Halón 1211	6 m
Polvo	3 a 6 m

Distribución y ubicación de matafuegos

Los matafuegos deben ser colocados en lugares de acceso directo sin interposición de obstáculos, especialmente muebles, mercaderías, etc., que impidan la rápida individualización en el momento de inicio del incendio.

Debe analizarse la característica del riesgo, de modo de no ubicarlos en lugares donde al declararse el fuego, sea imposible acceder.

Por ello debe emplazarse en zonas cercanas al riesgo en sí, y aun fuera del local que se desea proteger.

La altura conveniente para su utilización es de 1,50 m con respecto al nivel de piso del local.

Es conveniente contrastar con los colores de pintura los lugares de emplazamiento, para que se destaquen y faciliten de ·esa manera su localización.

Los matafuegos *se los pinta de color rojo vivo* como norma para ser fácilmente ubicados en el ambiente.

En la figura 9-VI se muestra la forma de emplazamiento, mediante soporte fijado al paramento de un matafuego.

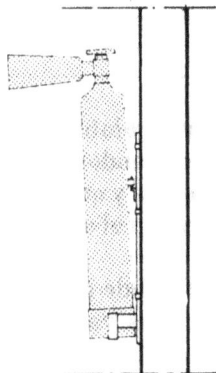

Fig. 9-VI. Emplazamiento de matafuego

A los fines de selección de los matafuegos a emplear se incorpora como cuadro 4-VI una tabla orientativa.

Forma de utilización de los extintores manuales

Como norma básica debe acercarse el matafuego todo lo posible, produciendo la descarga a la *base de las llamas*.

Para la aplicación debe percatarse siempre de *disponer de un medio de escape*, como por ejemplo una puerta o ventana.

CUADRO 4-VI. SELECCIÓN DE MATAFUEGOS

Usos (Ver Cuadro 1)	Riesgo	Agua	Polvo	CO$_2$	Distancia a Recorrer	Observaciones
Vivienda residencia colectiva	3	—	5 kg	10 kg	15	
Comercio — Banco, Hotel	3	—	5 kg	10 kg	15	
Comercio — Actividades administrativas	3	—	5 kg	10 kg	15	
Comercio — Locales comerciales	2	—	10 kg	10 kg	10	
Comercio — Locales comerciales	3	—	5 kg	10 kg	15	
Comercio — Locales comerciales	4	—	2,5 kg	5 kg	15	
Comercio — Galería comercial	3	—	5 kg	10 kg	15	
Comercio — Sanidad y salubridad	4	—	5 kg	10 kg	15	
Industria	2	—			10	Ver dep. infl.
Industria	3		10 kg		15	
Industria	4		5 kg	10 kg	15	
Depósito de garrafas	1					
Depósitos	2				10	Ver dep. infl.
Depósitos	3	—	10 kg	—	15	
Depósitos	4	10 l	5 kg	10 kg	15	
Educación	4	10 l	2,5 kg	5 kg	20	
Espectáculos y Diversiones — Cine Teatro (200 localid.)	3	—	5 kg	10 kg	15	
Espectáculos y Diversiones — Televisión	3	—	5 kg	10 kg	15	
Espectáculos y Diversiones — Estadio	4	10 l	2,5 kg	5 kg	20	
Espectáculos y Diversiones — Otros rubros	4	10 l	2,5 kg	5 kg	20	
Actividades religiosas	4	10 l	2,5 kg	10 kg	20	
Actividades culturales	4	10.l	5 kg	10 kg		
Automotores — Estación de servicio	3	—	5 kg	10 kg	15	
Automotores — Industria-T. mecánico-Pintura	3	—	5 kg	10 kg	15	
Automotores — Comercio-Depósito	4	10 l	2,5 kg	5 kg	20	
Automotores — Guarda mecanizada	3	—	5 kg	10 kg	15	
Aire libre — Depósitos e industrias	2				10	Ver dep. infl.
Aire libre — Depósitos e industrias	3	—	10 kg	—	15	
Aire libre — Depósitos e industrias	4	—	5 kg	10 kg	15	

Notas: Debe colocarse como mínimo 1 matafuego cada 200 m².

El CO$_2$ (anhidrido carbónico) se considera poco efectivo para extinción de fuegos de combustibles sólidos como maderas, papeles, telas, gomas, plásticos, etc.

* No debe utilizarse matafuegos de agua donde existe riesgo de incendio de origen eléctrico.

* Los matafuegos manuales pueden reemplazarse hasta el 50% de su cantidad por equipos sobre rueda (carros) según las siguientes equivalencias:

Un carro de 50 kg o litro equivale a 10 matafuegos de 10 kg o litro.

Una de las previsiones que debe verificarse siempre es la *total extinción del foco atacado*, para evitar una posible reignición.

En la figura 10-VI se indica con una flecha la forma de extinción del fuego de una cortina, comenzando por la base de la misma, y subiendo lentamente en la medida que el fuego se apague.

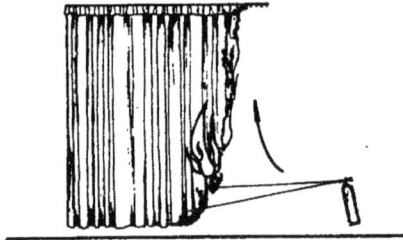

Fig. 10-VI. Extinción del fuego de una cortina

En caso de existir movimientos de aire, debe situarse el matafuego de acuerdo a lo indicado en la figura 11-VI *a favor del viento*, desplazando el extintor desde el centro hacia los laterales, moviéndolo durante el desplazamiento de abajo hacia arriba.

La descarga se orienta siempre hacia el *centro del foco de incendio*.

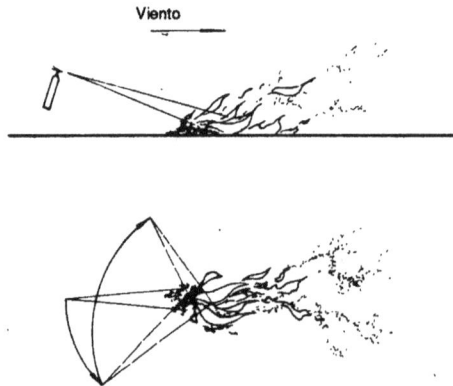

Viento

Fig. 11-VI. Extinción del fuego en caso de viento

Si se produce la ignición de un depósito abierto de combustible como se indica en la figura 12-VI, no debe dirigirse la descarga al centro de la superficie líquida porque ello puede originar salpicaduras del líquido inflamado.

El procedimiento consiste en atacar el *borde más cercano*, avanzando progresivamente en el sentido del viento.

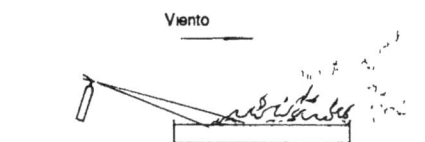

Fig. 12-VI. Extinción de fuego de depósito de combustible abierto

En caso de fuga de combustible debe comenzarse sobre el líquido caído en el suelo y una vez extinguido, se va subiendo lentamente la descarga hasta alcanzar al lugar de la fuga, como se muestra en la figura 13-VI.

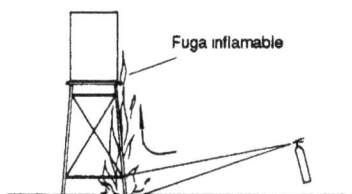

Fig. 13-VI. Extinción del fuego en caso de fuga de combustible.

CAPITULO VII

SERVICIO DE AGUA PARA EXTINCION

CLASIFICACION

Los sistemas de extinción por agua mediante instalaciones fijas, comprende básicamente dos tipos:

* Proyección de agua en forma manual con mangueras.
* Proyección de agua mediante rociadores automáticos o sprinklers.

SISTEMAS DE EXTINCION POR PROYECCION DE AGUA CON MANGUERAS

Es el sistema más común para combatir los incendios en los edificios consistiendo en la proyección de agua a presión, mediante mangueras provistas de lanzas y boquillas.

Dichos elementos se conectan a la red de agua destinada a la extinción mediante *bocas de incendio o hidrantes* en cada piso, que son los que la vinculan con las cañerías.

El conjunto de todos estos elementos que se instalan en el piso suele denominarse *establecimiento fijo* que en la generalidad de los casos se ubica en *nichos metálicos*, conteniendo lo siguiente, según se muestra en la figura 1-VII.

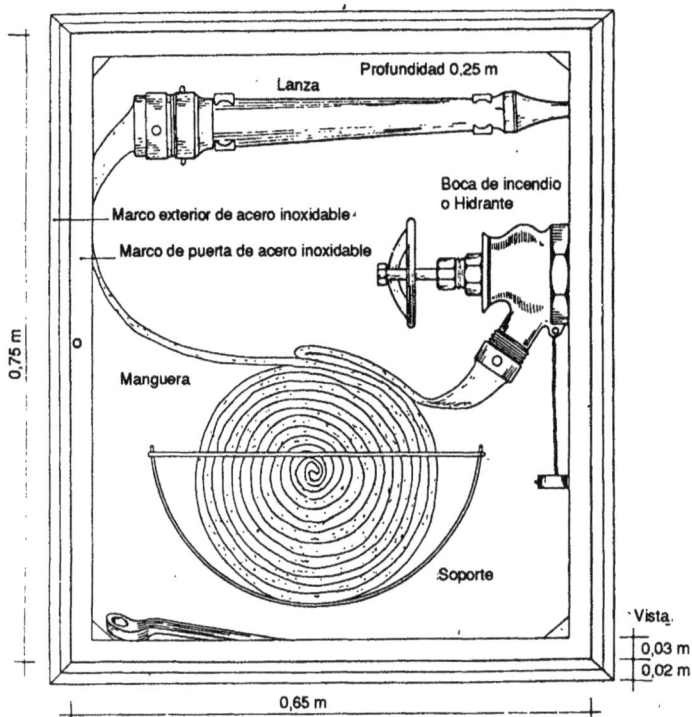

Fig. 1-VII. Nicho metálico con elementos

- Boca de incendio o hidrante.
- Manguera.
- Lanza con boquilla.
- Soporte de sujeción.

Boca de incendio o hidrante

Las bocas de incendio o hidrantes constituyen los elementos de vinculación de la red de agua de incendio con las mangueras y lanzas.

Son construidas en bronce, compuesta por una válvula esclusa, con boca roscada para conectar la manguera, de diámetro 45 o 64 mm, tal cual se observa en la figura 2-VII.

Se debe instalar a 1,20 m sobre el solado para un fácil acceso y con la boca de descarga a 45° con relación al piso.

Fig. 2-VII. Válvula de incendio de bronce

Manguera

Se la ejecuta con tela de cáñamo o lino, de modo de permitir soportar la presión hidrostática a la que va a estar sometida.

Para casos especiales de alta seguridad se emplean mangueras en las que se refuerza interior y exteriormente la fibra textil, mediante una cubierta protectora que puede ser de caucho sintético, sobre la cual se aplica exteriormente otra capa protectora del calor, de Hypalon. Existen numerosos tipos que se utilizan.

Se la construye con uniones de bronce ajustadas a mandril para un empalme adecuado con la boca de incendio y la lanza.

La longitud de la misma debe estar determinada en función del área a barrer, generalmente *como máximo se adopta 30 m.*

En la figura 3-VII se muestran las características, debiendo permitir un fácil y prolijo arrollamiento.

Fig. 3-VII. Manguera

Lanza

Son construidas en cobre o bronce en diámetros de 45 o 64 mm interior tal cual se señala en la figura 4-VII.

Están provistas de boquilla de cilindro directriz con grifo de cierre lento para regular el caudal y alcance de la descarga.

Fig. 4-VII. Lanza para incendio

Las lanzas deben estar diseñadas de manera que puedan proyectar el agua de las siguientes maneras:

- Niebla
- Lluvia fina
- Chorro de agua

La *niebla* consiste en la difusión de agua en pequeñísimas partículas sobre un área elevada, lo que constituye un medio eficaz para la acción de fuegos de superficie, con la ventaja que la dispersión del agua origina eventualmente una menor conducción eléctrica.

La *lluvia fina* también es adecuada para fuegos de superficie.

El *chorro de agua* consiste en lanzar un volumen importante de agua a presión sobre un área pequeña, siendo de aplicación para fuegos profundos de difícil acceso.

Soportes

Son del tipo metálico y están destinados al montaje de la manguera y la lanza, de acuerdo a las características indicadas en la figura 5-VII.

Soporte para lanza   Soporte 1/2 luna para manguera

Fig. 5-VII. Soportes

Nichos

El establecimiento fijo se lo instala generalmente en nichos por razones estéticas y de conservación especialmente si se lo coloca en el exterior.

El nicho debe ser metálico, pudiendo construirse en marco y puerta de acero inoxidable y vidrio.

En el nicho el conjunto se encuentra armado para su utilización.

Suele incorporarse a los nichos una *llave de acero* como se indica en la figura 6-VII, destinada a ajustar uniones y utilizarse como barreta para forzar puertas y ventanas, de 64 mm de diámetro.

Fig. 6-VII. Llave

Cálculo del número de bocas de incendio por piso

El número de bocas de incendio o hidrantes por piso, se determina en función del alcance de las mangueras de incendio, de modo que barran perfectamente el área requerida.

En general, el número de bocas por piso se calcula con la siguiente expresión:

$$b = \frac{p}{45}$$

Donde:

b: número de bocas de incendio (n°);
p: perímetro (m);
45:    factor constante.

Se consideran enteras las fracciones mayores de 0,5.

Como medida de seguridad el Código de la Ciudad de Buenos Aires establece que la distáncia entre bocas no debe exceder de 30 metros, que es la longitud normal de las mangueras.

PROVISION DE AGUA

Obras Sanitarias de la Nación puede conceder *Servicio de agua contra incendio* para todos aquellos inmuebles que las Ordenanzas Municipales, Cuerpo de Bomberos o Autoridades competentes lo exijan, siempre que las condiciones de las redes de distribución lo permitan.

Por otra parte Obras Sanitarias instala en la vía pública *bocas de impulsión en veredas* para uso del Servicio de bomberos en lugares estratégicos, montadas en casetas de mampostería tal cual se indica en los detalles de la figura 7-VII.

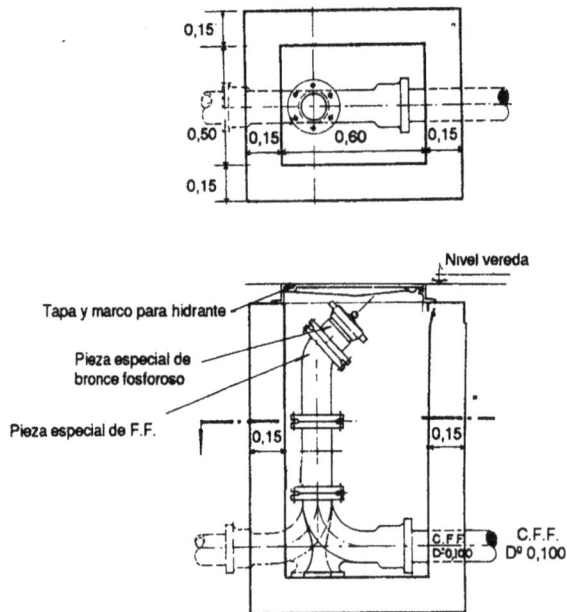

Fig. 7-VII. Boca de impulsión en vereda para uso de Bomberos

La alimentación del servicio contra incendio en el edificio puede efectuarse por cualquiera de las siguientes formas:

- Conexión exclusiva para servicio de incendio.
  — Servicio directo de la red de alimentación.
  — Alimentación mediante tanque.
- Conexión mixta de servicio de incendio y sanitario del edificio.
  — Depósito de uso exclusivo, del que se deriva ramales para surtir al servicio domiciliario.
  — Tanque mixto de almacenamiento.
- Por cualquier otro sistema que a juicio de Obras Sanitarias, no afecta la calidad del agua (tanque hidroneumático).

Conexión exclusiva para servicio de agua contra incendio

La conexión a la red de distribución se efectúa mediante una *boca de impulsión*.

La boca de impulsión consiste en una llave esclusa construida en bronce que se instala en la tubería de acceso.

Esta válvula debe estar provista de anilla giratoria a rosca hembra de modo que sea *apta para conectar las mangueras del servicio externo de prevención de incendios*.

Se las instala indistintamente en la acera, fachada principal del edificio, o bien dentro de la línea municipal, a no más de 2 m de ésta y sobre una de las paredes laterales correspondiente a la rampa de acceso de vehículos.

La inclinación de la boca en fachadas debe ser de 90° con respecto a la misma, pero cuando se la instale en vereda bajo piso, su inclinación debe ser de 45° hacia arriba.

La altura de las válvulas esclusas para boca de impulsión, debe ser de 0,60 m medido desde el solado hasta el centro del eje de descarga.

Deben instalarse en el interior de nichos de 0,40 x 0,60 m que cuenta con tapa de hierro fundido asentada sobre marco metálico.

Su cierre se produce mediante pestillo con orificio para accionarla simplemente.

Para su inmediata identificación debe llevar grabada en la tapa la palabra BOMBEROS.

El Código Municipal de la Ciudad de Buenos Aires establece que cuando una actividad se desarrolla a *más de 10 m* sobre el nivel oficial del predio, debe dotarse de boca de impulsión.

Alimentación directa

El servicio de alimentación directa de la red de distribución a las bocas de incendio o hidrantes sólo puede efectuarse cuando se cuente con una presión de red suficiente.

La ventaja de este sistema con respecto al servicio mediante tanque, es que puede contarse con el agua de la red en forma ilimitada, pero puede ocurrir que por alguna eventualidad la presión de la red sea pequeña en el momento de emergencia.

El sistema de extinción puede ser de dos formas:

- Columna seca.
- Columna húmeda.

Sistema de columna seca

Los sistemas de columna seca son destinados al uso exclusivo de bomberos. Está formada por una cañería independiente y vacía con una boca de impulsión ubicada en la vereda y bocas de incendio o hidrantes por piso que permiten el acoplamiento de mangueras.

Las cañerías no se encuentran llenas de agua ya que no están vinculadas en forma directa con la red, permitiendo a través de la boca de impulsión el acople en la vereda por medio de personal de bomberos, en caso de emergencia, mediante mangueras.

Estos sistemas no disponen en forma inmediata del fluido extintor debiéndose esperar la acción de los bomberos para operarlos.

Sistema de columna húmeda

Estos sistemas son los que normalmente se emplean, en la que las cañerías permanentemente se encuentran llenas de agua.

Así entonces, el Código Municipal de la Ciudad de Buenos Aires establece que *todo edificio de 27 a 47 metros debe llevar una cañería de 64 mm de diámetro con boca de incendio en cada piso, vinculada con boca de impulsión en la entrada del edificio y el tanque de reserva domiciliario en el extremo superior*, para asegurar una reserva adicional inmediata en caso de incendio.

En la figura 8-VII se indica la característica de este sistema, que debe contar con válvula de retención en la bajada de incendio, para impedir que cuando se conecte la boca de impulsión el agua de incendio penetre en el tanque domiciliario. A su vez la llave de paso debe permanecer permanentemente abierta.

Alimentación mediante tanque de almacenamiento

El Código Municipal de la Ciudad de Buenos Aires establece que si el edificio *tiene más de 47 m de altura*, medidos en el nivel oficial del predio, debe llevar un servicio de agua contra incendio con *tanque de almacenamiento*.

Los tanques de almacenamiento deben ser cerrados, ventilados, estancos y de materiales que no puedan afectar la calidad del agua. Deben ser instalados en lugares de fácil acceso, con espacios suficientes para ser inspeccionados en todas sus partes externas con el fin de detectar rápidamente eventuales pérdidas y proceder a su reparación.

Por ello los tanques no deben colocarse enterrados.

El Reglamento de Obras Sanitarias establece que los tanques

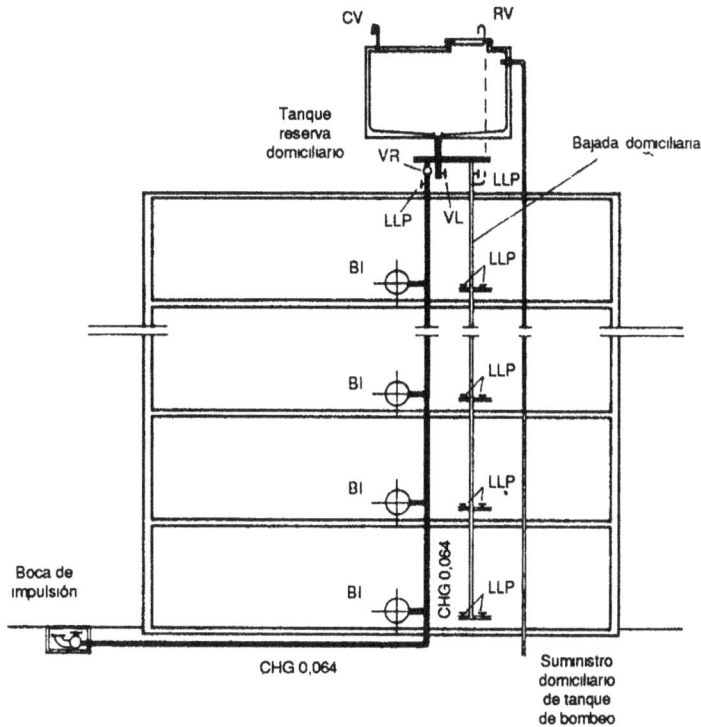

Fig. 8-VII. Sistema de columna húmeda

deben instalarse separados como mínimo 0,50 m del filo interior de medianeras o de paredes propias que den a terraplén. En caso que no den a terraplén puede arrimarse a la pared, pero ello no es aconsejable.

En el caso de terrazas deben ubicarse a 0,60 m como mínimo de los ejes medianeros o lo que exija la Municipalidad del lugar.

Generalmente se los construye en hormigón armado, debiendo tener las siguientes características principales:

- El fondo debe tener una pendiente mínima de 1:10 hacia el caño de salida y las paredes verticales y la losa del fondo debe formar un chaflán a 45° de un ancho de 0,20 m como mínimo, a efectos de evitar acumulación de suciedades en los ángulos.
- El caño de salida puede estar en el centro del tanque o en un lateral del mismo.
- Para tanques de más de 1000 litros debe colocarse una tapa sumergida hermética, de 0,50 x 0,50 m como mínimo ubicada en el tercio inferior del tanque para acceso.

- En la losa superior y en correspondencia con la cañería de alimentación debe instalarse una tapa de inspección de 0,25 x 0,25 m, alejada como máximo 0,15 m de la válvula flotante o dispositivo similar para acceso y reparación del mismo, de cierre hermético.
- La altura del tanque sobre el solado del último piso, debe asegurar una presión hidráulica adecuada como para que el agua de una manguera de la instalación de incendios, pueda batir el techo.
- Cuando la capacidad del tanque sea de 4000 litros o más se debe dividir en dos secciones aproximadamente iguales, permitiendo de esa forma efectuar la limpieza contando siempre con agua en el servicio. Para ello debe vincularse por medio del colector entre sí y mediante llaves de paso y válvulas de limpieza se debe poder efectuar dicha operación.
- Para asegurar la ventilación del agua en forma permanente debe colocarse un caño de ventilación, de hierro galvanizado o bronce de 0,025 m de diámetro con curva hacia abajo protegida la salida con una malla fina de bronce, colocado a una altura mínima de 0,30 m.
- Cuando la altura de la tapa sumergica se encuentra a más de 1,40 m del nivel del piso, debe construirse frente a la misma una pasarela para acceso y maniobras, de un ancho mínimo de 0,70 m con baranda de 0,90 m de altura. La plataforma debe sobresalir como mínimo 0,25 m de los costados de la tapa sumergida, contando con escalera de acceso.
- Si desde esta plataforma de maniobra hasta la parte superior del tanque o desde el piso hasta la misma, la altura es mayor de 2,50 m debe colocarse otra escalera, que la vincule desde dicha plataforma o desde el piso, para mayor seguridad y facilitar el acceso de maniobra y reparaciones del personal encargado. Estas escaleras deben amurarse por debajo del nivel de agua del tanque, para evitar filtraciones.

En la figura 9-VII se detallan las características indicadas para un tanque de hormigón ubicado en la azotea.

En los tanques exclusivos para incendio debe preverse la renovación del agua para evitar su posible alteración o contaminación, debido al hecho de permanecer estática.

A tal efecto debe contemplarse un ramal de alimentación a un depósito de limpieza de algún artefacto sanitario de uso frecuente o canilla de servicio ubicada a 0,40 m sobre el nivel del piso, derivada de cada extremo de la cañería de servicio contra incendio.

Obras Sanitarias exige que las conexiones de agua al edificio para la instalación contra incendio, debe estar provista de *medidor* para verificar el consumo.

Por otra parte no se admite el uso del agua del servicio contra incendio para otros fines específicos, como por ejemplo para alimentación de equipos de enfriamiento, refrigeración de grupos electrógenos u otros usos equivalentes.

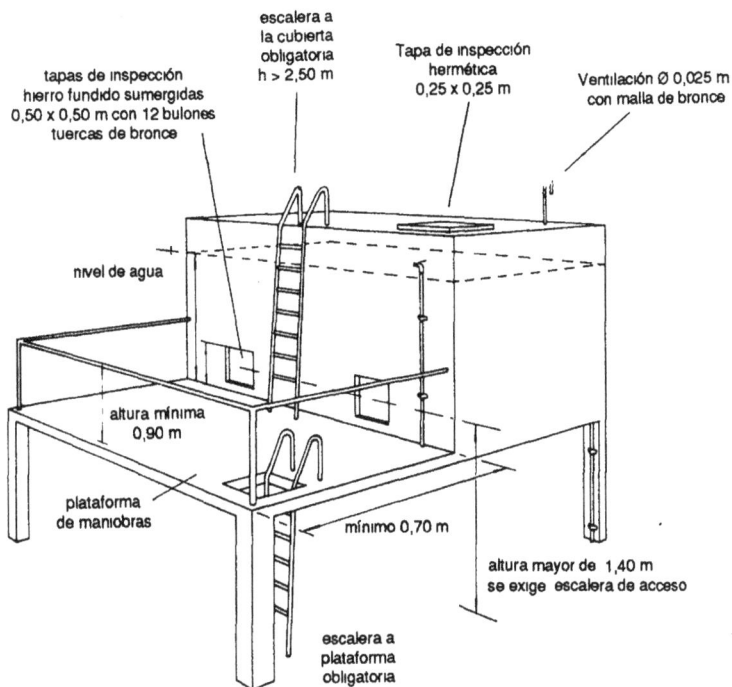

Fig. 9-VII. Tanque de almacenamiento

Se admite cuando se dispone de tanque de incendio exclusivo, la derivación de la cañería de alimentación al tanque de incendio, a un ramal para surtir el tanque domiciliario, como se muestra en la figura 10-VII.

También se puede alimentar directamente al tanque domiciliario y desde éste efectuarse la alimentación al de incendio.

En este caso el fondo del tanque domiciliario debe estar más elevado que la tapa o ventilación del tanque de incendio, como se muestra en la figura 11-VII.

Cálculo de la capacidad del tanque de almacenamiento de incendio

El Código Municipal de la Ciudad de Buenos Aires, establece la

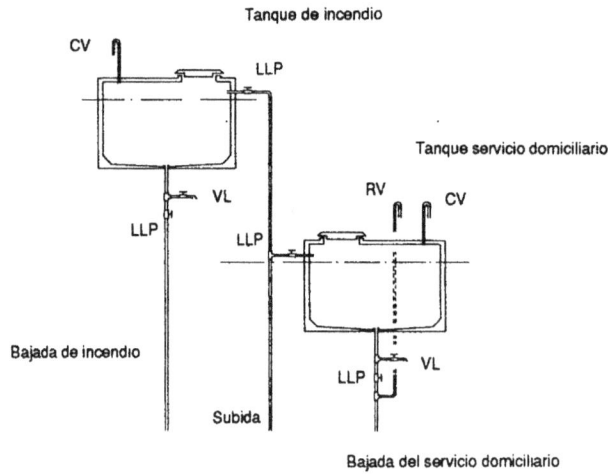

Fig. 10-VII. Tanque de incendio exclusivo alimentado directamente

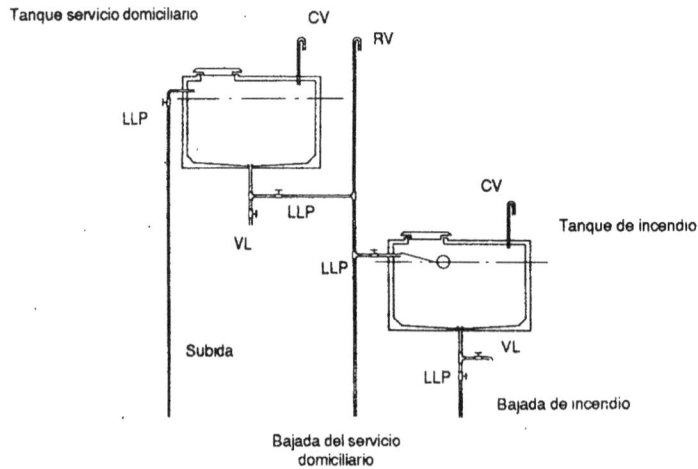

Fig. 11-VII. Tanque de incendio alimentado mediante tanque de reserva domiciliario

forma de determinar la capacidad de los tanques de incendio, de la siguiente manera:

- 10 litros por m² de superficie de piso del edificio cubierta, hasta 10.000 m², con un mínimo de 10 m³ y un máximo de 40 m³.
- Cuando se exceda los 10.000 m², se debe aumentar la reserva hasta una capacidad tope de 80 m³, contenidas en tanques no inferiores a 20 m³ cada uno.

Cálculo de cañerías de suministro a bocas de incendio

Las cañerías de alimentación a las bocas de incendio o hidrantes pueden ser de hierro galvanizado, bronce o latón, pudiéndose adoptar los diámetros en función del número de hidrantes servidos, según se consigna en la planilla del cuadro 1-VII.

CUADRO 1-VII. DIÁMETROS DE CAÑERÍAS PARA SURTIR HIDRANTES

Nº de hidrantes	Diámetro (m)
1	0,051
2 a 3	0,064
4 a 10	0,076
11 o más	0,102
El diámetro mínimo utilizado es en general de 0,064 m.	

Tanque de almacenamiento mixto

La posibilidad más interesante para aplicar en el edificio es el *tanque de almacenamiento mixto*, para el servicio de incendio y el de reserva para consumo de agua domiciliaria.

Se logra mediante ello una reducción de costos y a la vez se evita el problema de que el agua se mantenga estática dentro del tanque lo que podría deteriorarla.

En la figura 12-VII se observa sus características constructivas. Del colector se deriva la cañería para el agua de consumo domiciliario mediante un bucle, que la hace subir hasta un nivel tal, que le permite al tanque mantener permanentemente el volumen previsto para el servicio contra incendio.

Para evitar que el tanque se vacíe por efecto de sifón, se prolonga el bucle mediante una cañería de ventilación que actúa como ruptor de vacío.

De esa manera, cuando sale agua por dicha cañería y el nivel del tanque llega a la parte superior del bucle, entra aire en la cañería y no sale más agua, manteniéndose de esa forma la reserva prevista para incendio.

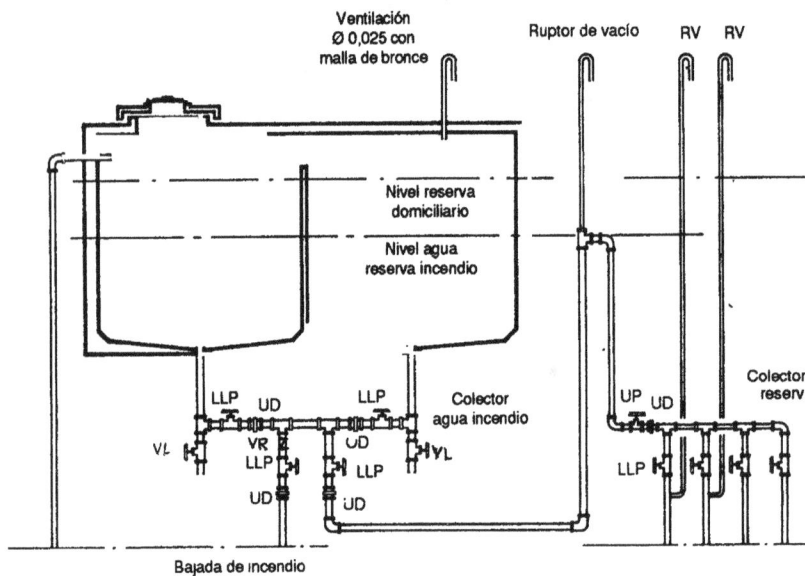

Fig. 12-VII. Tanque mixto

En la figura 13-VII se muestra un esquema de montaje de un tanque mixto, que es alimentado con un tanque de bombeo.

Cálculo de la capacidad mínima del tanque mixto

La capacidad mínima del tanque unificado o mixto se establece mediante la siguiente fórmula:

$$V = V_1 + 0,5 \, V_2$$

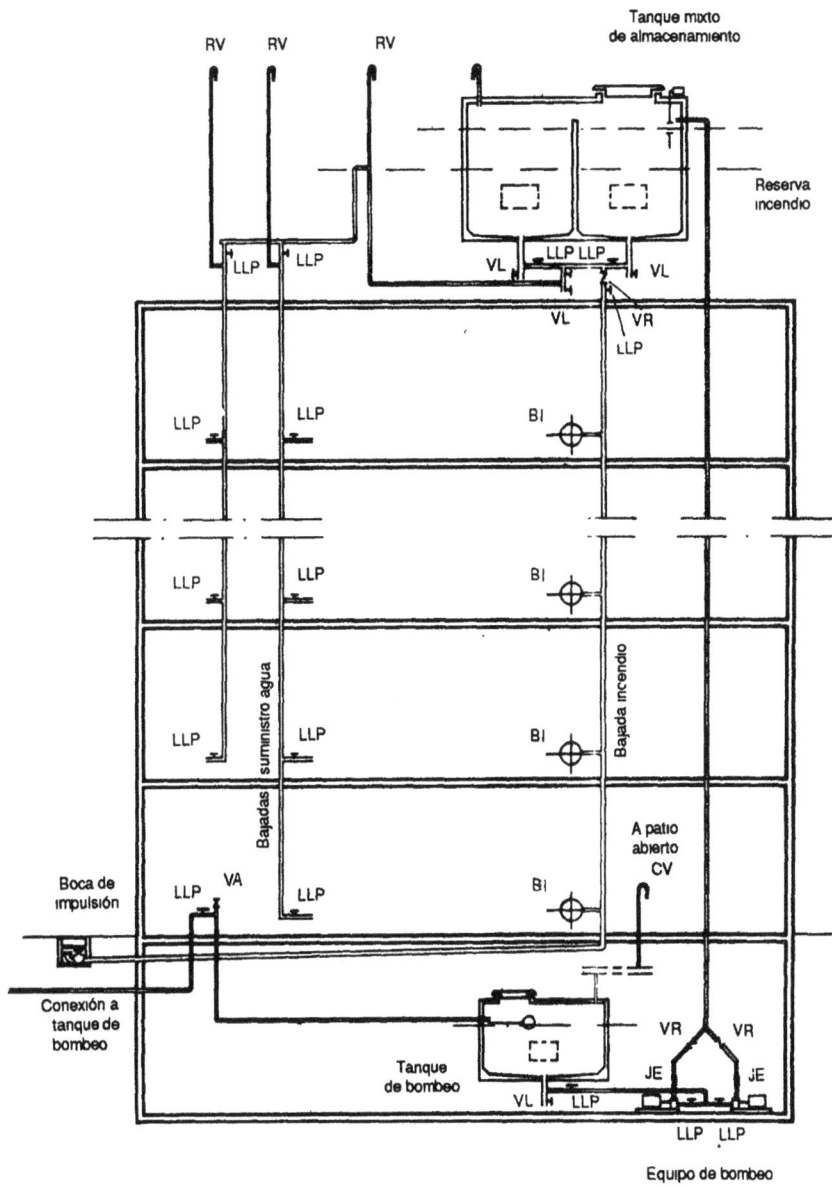

Fig. 13-VII. Esquema de instalación de servicio de incendio con tanque mixto

Donde:

    V: capacidad del tanque mixto, mínima (m³);

    V_1:   capacidad mínima requerida por el destino más exigente (m³);

    V_2:   capacidad correspondiente al destino menos exigente (m³).

Ejemplo

Supóngase calcular un tanque mixto para un edificio de 2000 m². La capacidad del tanque de reserva para los servicios sanitarios es de 12.000 litros (12 m³).

El volumen del almacenamiento de agua para incendio, considerando la superficie del edificio y que corresponden 10 l/m², es de:

2000 m² x 10 l/m² = 20.000 litros (20 m³)

De esa manera: $V = V_1 + 0,5\, V_2$

Siendo:

    V_1:   capacidad mayor: 20 m³

    V_2:   capacidad menor: 12 m³

De modo que:

    V = 20 + 0,5 x 12 = 26 m³

O sea que el volumen del tanque mixto debe ser de 26.000 litros.

Tanque hidroneumático

Cuando la presión de la red es insuficiente o existen causas debidamente justificadas para el reemplazo de los tanques de almacenamiento elevados, puede admitirse el empleo de tanques hidroneumáticos para los servicios de incendio.

El tanque hidroneumático es un recipiente herméticamente cerrado generalmente de hierro galvanizado, en la que se mantiene un cierto volumen de aire, el que actúa como *colchón* al ser comprimido por el agua que llena el tanque a una presión determinada, tal cual se observa en la figura 14-VII.

El aire actúa como fuelle para permitir mantener la presión constante, en las cañerías del servicio contra incendio.

Cuando una boca de incendio es abierta, el aire se expande para reemplazar el agua, produciendo una variación de presión y poniendo en funcionamiento la bomba que suministra la cantidad de agua necesaria.

Se exige que el sistema hidroneumático asegure una presión

mínima de 1 kg/cm², descargada por boquillas de 13 mm de diámetro en las bocas de incendio o hidrantes del piso más alto del edificio.

Se establece que el tanque debe estar provisto de un manómetro para medir la presión de aire con indicación de nivel.

El caño que alimenta el tanque debe contar con válvula de retención.

En casos especiales en que se requiere grandes presiones, debe utilizarse un compresor, que comprime la parte superior con aire, aumentando de esa manera la presión de la red.

SISTEMAS DE EXTINCION MEDIANTE ROCIADORES AUTOMATICOS O SPRINKLERS

Estas instalaciones consisten en la utilización de elementos que permiten en forma automática el rociado con agua sobre los sectores de incendio en caso de peligro.

De acuerdo con lo establecido en el Reglamento Municipal de la Ciudad de Buenos Aires, se exige como condiciones específicas y generales de extinción en *cines o teatros de más de 200 localidades* en el área del escenario y en los *segundos subsuelos inclusive, hacia abajo* en los edificios, excepto aquellos de riesgo 6 y 7.

En la Reglamentación de la Ley de Higiene y Seguridad en el Trabajo, se especifica en los *medios de escape* de edificios que superen los 38 metros de altura, completándose con avisadores y/o detectores de incendio.

Los rociadores automáticos consisten en una pequeña boca de agua cerrada herméticamente por medio de un obstructor inoxidable, sujeto por un elemento denominado *fusible*, que expuesto al calor permiten que se produzca la descarga de agua.

Los fusibles pueden ser:

• Metálicos
• Ampolletas

Constan ya sea de una aleación metálica de material inalterable, que al fundirse libera los elementos de cierre, o una ampolleta de cuarzo que contiene un elemento expandible, tal cual se indican en las figuras 15-VII y 16-VII.

Referencias:
1:      Juego de nivel
2:      Grifo de pura
3:      Grifo de desaire
4:      Válvula de seguridad
5:      Presiostato
6:      Manómatro
7:      Válvula de retención
8:      Te para cañería de distribución

Colchón de aire comprimido

Nivel interior agua

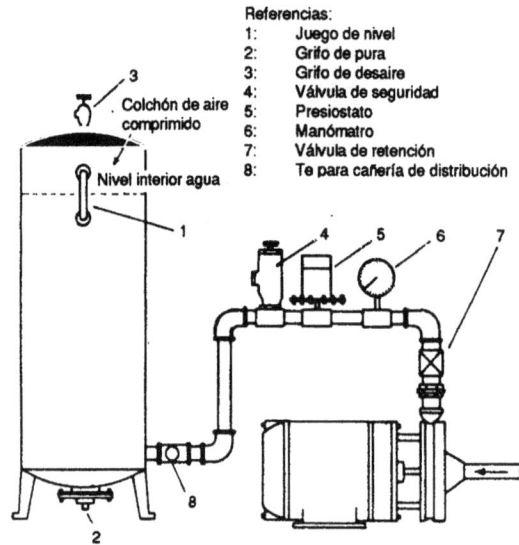

Referencias:
1:      Grifo de desaire
2:      Juego de nivel
3:      Grifo de purga
4:      Válvula de seguridad
5:      Presiostato
6:      Manómetro
7:      Válvulas de retención
8:      Válvulas esclusas
9:      Te para cañerías de distribución

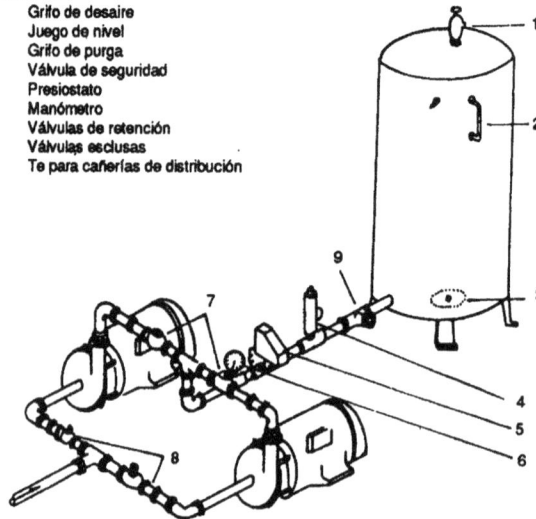

Fig. 14-VII. Detalle de instalación de tanque hidroneumático

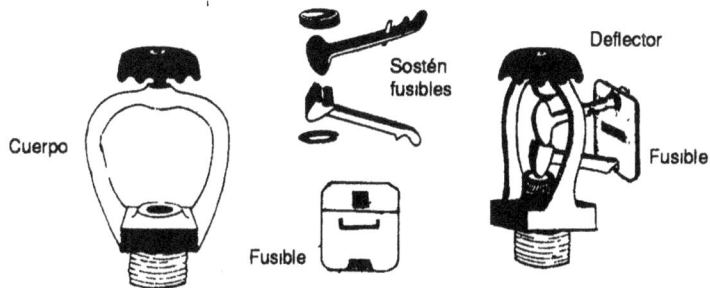

Fig. 15-VII. Sprinkler con fusible metálico

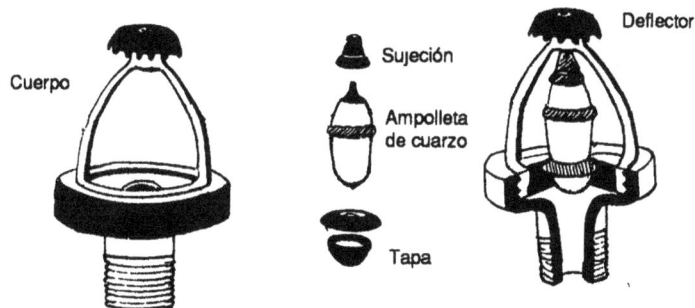

Fig. 16-VII. Sprinkler con fusible ampolleta

Estos elementos cuentan con un *deflector* que es una pieza metálica de material inalterable, que montada en la cabeza del rociador, hace que el chorro de agua al chocar contra aquél, se disgregue en forma de fina llovizna.

De esa manera, cuando el aire que circunda al rociador alcanza la temperatura de diseño para que fuera graduado el elemento fusible, éstos liberarán automáticamente los elementos de cierre, haciendo que el agua fluya por los orificios de descarga.

La acción extintora se realiza en forma inmediata sobre el foco de fuego, no produciéndose de esa forma el accionamiento sobre elementos o materiales que no sean los directamente afectados.

Se establece que los fusibles rociadores *deben estar graduados a una temperatura ambiente de 68°C.*

Se admite como excepción en aquellos casos que se ubiquen en aberturas, una temperatura de 79°C, como ser: rampas, cajas de escaleras, ascensores, acceso a patios de aire y luz, etc.

En los fusibles de ampolletas, a fin de una perfecta identificación se utilizan los siguientes colores para los líquidos que se expanden:

• Rojo: temperatura de accionamiento 68°C.
• Amarillo: temperatura de accionamiento 79°C.

Los sprinkler deben estar construidos de cuerpo de bronce y sus partes móviles compuestas de material inalterable a la corrosión.

En uno de sus extremos cuenta con una rosca de empalme del tipo gas, cónica y los orificios de salida de agua deben ser de aproximadamente 12,7 mm de diámetro, obturados por tapones accionados por el elemento fusible.

Para determinar la cantidad y ubicación de los rociadores, se establecen valores de *área protegida* por los mismos.

Estas áreas de protección son muy difíciles de determinar con precisión porque dependen de muchos factores, como ser el tipo e construcción, riesgo, característica de ocupación, tipo de rociador, presión de trabajo, etc.

Por ello, como medida de seguridad y a fin de aumentar la eficiencia de extinción, se puede considerar como área confiable el de *9,30 m² por rociador*, sin superar distancias máximas ya sea entre sí o con respecto a paramentos, techos, etc.

Con fines orientativos pueden mencionarse algunas disposiciones del Reglamento para instalación de sprinklers de la Cámara de Aseguradores, para la ubicación de rociadores automáticos en edificios de mampostería y/ o hormigón armado, con techos y/o cielorrasos incombustibles.

Así en el cuadro 2-VII se establece el espaciamiento para *techos lisos* que son aquellos cuyas vigas o viguetas no superan los 0,30 m de altura.

CUADRO 2-VII. ESPACIAMIENTO DE ROCIADORES EN TECHOS LISOS
(VIGAS Y VIGUETAS MENORES DE 0,30 M DE ALTURA)

Superficie de piso de local (m²)	Distancias máximas (m)			Separaciones del cielorraso (m)	
	Entre sí	Paredes	Columna o viga transversal	máxima	mínima
9,30 *	3,66	1,83	0,60	0,45	0,10
* El Reglamento de Bomberos para garages admite una superficie de 18,60 m²					

Si hubiese vigas cuyas caras inferiores *se encuentren a más de 30 cm debajo del cielorraso*, los sprinkler deben espaciarse en *compartimientos*, que constituyen el espacio formado entre las vigas principales en los techos.

Debe haber por lo menos una cabeza cada 9,30 m² del compartimiento, midiéndose de centro a centro de la viga.

Para el espaciado puede tenerse en cuenta la tabla que se incluye como cuadro 3-VII.

CUADRO 3-VII. ESPACIAMIENTO DE ROCIADORES EN COMPARTIMIENTOS

Tratándose de techos o cielorrasos divididos en compartimientos	Ancho del compartimiento, en metros de centro a centro de las vigas	Número necesario de hileras en cada comparti-miento	Distancia máxima de las cabezas de los sprinklers			
			A través de los compart. m	A lo largo de los compart.. m	De la cara de las vigas grandes o de paredes paralelas a los compart. m	De las paredes en las extremidades de los compart. m
Caras inferiores cubiertas con mezcla, madera o metal; o construidos de tablones, sin tirantes	No más de 2,24	1	2,24	3,65	1,83	1,83
	Más de 2,24 No más de 3,00	1	3,00	3,35	1,83	1,83
	Más de 3,00 No más de 3,35	1	3,35	3,35	1,83	1,83
	Más de 3,35 No más de 6,70	2	3,35	3,65	1,83	1,83
Vigas descubier-tas, o teniendo expuestos los tirantes comunes del techo.	No más de 2,24	1	2,24	3,00	1,52	1,52
	Más de 2,24 No más de 3,00	1	3,00	3,00	1,52	1,52
	Más de 3,00 No más de 3,35	1	3,35	2,24	1,67	1,20
	Más de 3,35 No más de 6,70	2	3,35	3,00	1,67	1,52
Construcción a prueba de fuego	No más de 3,35	1	3,35	3,65	1,83	1,83
	Más de 3,35 No más de 3,65	1	3,65	3,50	1,83	1,52
	Más de 3,65 No más de 7,30	2	3,65	3,65	1,83	1,83

Las aberturas de comunicación con un medio directo de salida deben protegerse con cabezas rociadoras.

Protección de diversos elementos

Debe ser protegida por rociadores especiales cualquier plataforma que impida el paso del agua proveniente de los rociadores ubicados en el cielorraso del local, salvo que dichas plataformas estén construidas con aberturas, en forma tal que permitan el paso del agua a través de las mismas.

Se establece que no debe existir entre la cabeza del rociador y el elemento a proteger una distancia mínima de 1 m.

Donde existen estanterías, los rociadores deben colocarse en el centro del pasaje entre los estantes. En la figura 17-VII se detalla la forma correcta de proteger estanterías.

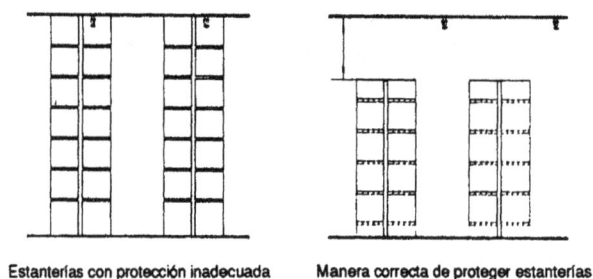

Estanterías con protección inadecuada   Manera correcta de proteger estanterías

Fig. 17-VII. Protección de estanterías

Cuando los anaqueles tienen más de 70 cm de ancho, debe haber un espacio para así permitir que el calor ascienda por convección a los sprinklers, como así también que el agua actúe directamente sobre el foco de incendio.

Prevenciones contra corrientes de aire

Las aberturas en los pisos o paredes, tienden a formar corrientes de aire horizontales o verticales, que pueden llegar a retrasar la abertura de los sprinklers, impidiendo que el calor sea proyectado sobre los más inmediatos al foco de incendio y provocando la apertura de otros, que se hallan más alejados.

En los grandes galpones, donde los rociadores ubicados debajo del techo están a una altura de más de 8 metros, es necesario colocar cortinas de zinc, dividiendo los techos en secciones de 465 m² en la forma señalada en la figura 18-VII. Las cortinas deben tener 60 cm de altura mínima.

MONTAJE DE CAÑERIAS

En la figura 19-VII se muestra el montaje de cañerías de una instalación de rociadores y sus elementos constitutivos.

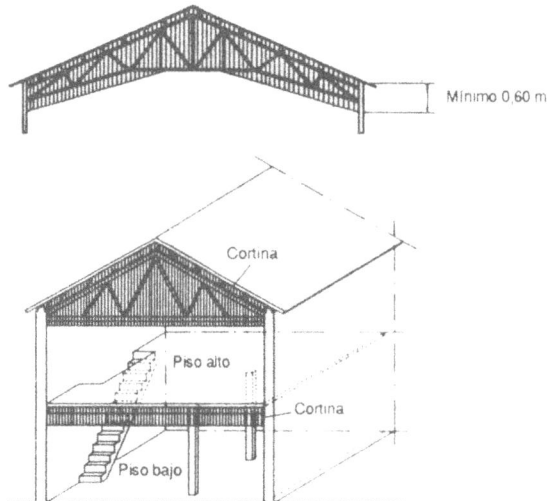

Fig. 18-VII. Protecciones de rociadores contra corrientes de aire

Se define como:

- *Cañería principal:* la que abastece a los caños de distribución.
- *Cañería de distribución:* la que alimenta los distintos ramales.
- *Ramales:* tramos de cañerías que alimentan a los rociadores.

En el proyecto, los caños principales que surten a los de distribución, pueden adoptar las posiciones que se detallan en la figura 20-VII.

- Surtiendo desde una posición central (fig. 20-VII A)
- Surtiendo desde un costado (fig. 20-VII B)
- Surtiendo desde un punto final (fig. 20-VII C)
- Surtiendo desde un punto final y costado (fig. 20-VII D)

Las cañerías pueden ser del tipo standard de hierro galvanizado con accesorios de fundición maleable.

La instalación debe ser totalmente independiente de cualquier otro tipo de servicio en el edificio.

Se instalan con una pendiente de 1 cm cada 3 m para su vaciado, debiendo ser aseguradas adecuadamente, cada 3,60 m como máximo. En sus extremos debe existir una grampa de 0,15 m.

Referencias
1:      Sistemas de cañerías
1a: Línea de alimentación
1b: Válvula de cierre principal
1c: Línea principal
1d: Cañería de vinculación
1e: Cañería de distribución
1f: Ramales de rociadores
2:      Válvula de control
3:      Cañería de conexión campana de alarma .
4:      Rociadores
5:      Caño de descarga
6:      Alarma

Fig. 19-VII: Detalle de montaje de rociadores

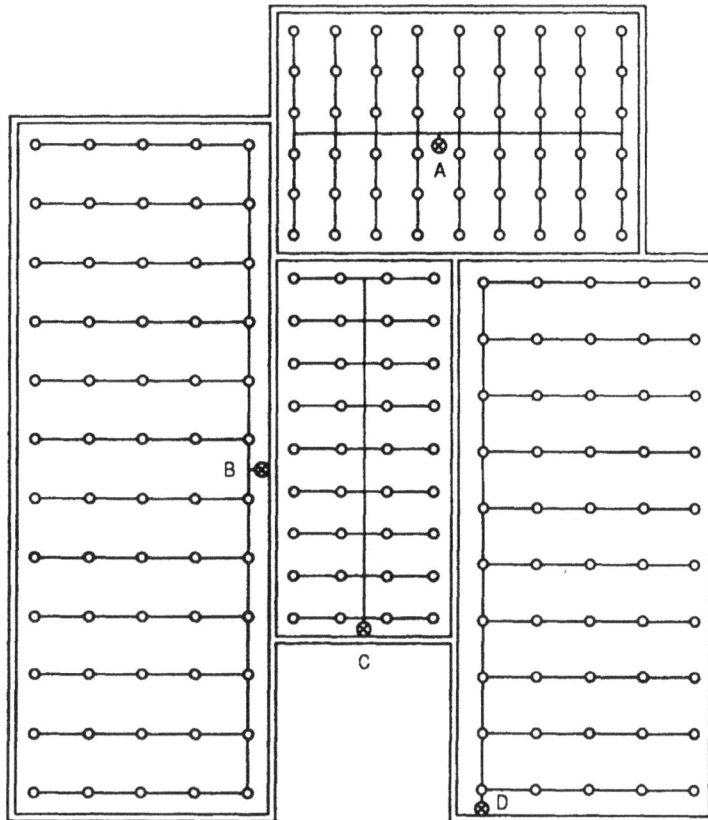

Fig. 20-VII. Posición de las subidas o cañería principal

Una vez instaladas, se debe efectuar una prueba hidráulica con una presión no menor de 10 kg/cm², durante un período no inferior a 1 hora, sin sufrir pérdida de agua alguna.

Cálculo de cañerías

Puede efectuarse el cálculo de las cañerías en forma práctica, directamente en función de los sprinklers a servir por la instalación, mediante la aplicación de la tabla del cuadro 5-VII, en base a lo establecido por el Reglamento de la Cámara de Aseguradores.

CUADRO 5-VII. DIAMETROS MÍNIMOS DE CAÑERIAS
QUE SIRVEN A SPRINKLERS

Tamaño del caño mm («)		Número de sprinklers	
		Cuando no más de 4 sprinklers se alimentan de un lado de un caño de distribución	Cuando 5 ó 6 sprinklers se alimentan de un lado de un caño de distribución
25	(1")	3	2
32	(1 1/4")	5	3
38	(1 1/2")	9	5
51	(2")	18	
64	(2 1/2")	28	
76	(3")	46	
100	(4")	115	
125	(5")	150	
150	(6")	Más de 150	

Se establece el diámetro mínimo de 25 mm (1"), no debiendo superar los 12 m de largo.

Como máximo *cada ramal no debe alimentar más de 4 sprinklers.*

Sin embargo en caso de necesidad puede aumentarse a 5 ó 6 a condición que se aumente el tamaño de los caños tal cual se indica en la tabla del cuadro 5-VII.

Por lo general, los caños de distribución son dispuestos de tal manera que no más de 8 sprinklers se alimentan en una sola hilera, como se indican en los esquemas de la figura 21-VII.

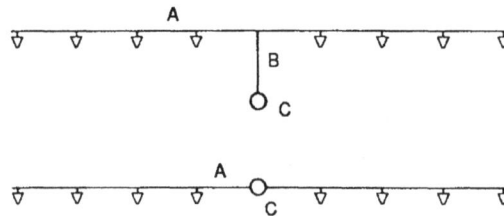

Referencias:
A: Caño de distribución
B: Caño vertical
C: Caño principal de distribución

Fig. 21-VII. Disposición de ramales de rociadores

PROVISION DE AGUA

Las fuentes de suministro de agua a los sprinklers, se efectúa generalmente por los siguientes medios:

* Conexión directa a la red de suministro
* Tanques de almacenamiento
* Tanques hidroneumáticos

En instalaciones de gran envergadura, la Cámara de Aseguradores exige que la instalación sea provista de *dos fuentes de agua separadas*, que sean suficientes y disponibles en todo momento.

Una de las fuentes debe ser *ilimitada* y otra automática.

La fuente ilimitada consiste en la conexión con la red pública de suministro de agua potable, estableciéndose en la práctica el concepto de ilimitada a una capacidad mínima de 450 m³ de agua.

Se admite, sin embargo, para áreas protegidas inferiores a 10.000 m² en edificios de construcción incombustibles, el abastecimiento mediante una sola fuente.

Suministro directo

En la figura 22-VII se muestra el detalle de montaje de un sistema de rociadores automáticos destinados a garages ubicados en subsuelos de un edificio, mediante conexión directa a la red de suministro.

Se establece que la entrada de *conexión directa* de la red de Obras Sanitarias, no debe ser menor de 76 mm de diámetro. Esta conexión debe tener *absoluta independencia* de cualquier otro servicio en el inmueble.

Los diámetros correspondientes a la entrada de conexión de agua, están en estrecha relación con el número de rociadores que sirven, pudiéndose adoptar para el diseño, los valores indicados en la tabla del cuadro 6-VII.

CUADRO 6-VII. DIAMETRO DE CONEXION DE INSTALACIONES DE ROCIADORES AUTOMATICOS

Diámetro de conexión mm (")		Rociadores máximos a servir
76	(3") (mínimo)	46
100	(4")	115
125	(5")	150
150	(6")	Más de 150

Se observa en la figura que como elemento auxiliar de seguridad de la alimentación de agua, se debe instalar una segunda cañería que nace en una boca de impulsión con una válvula exclusa con anilla giratoria con rosca hembra de 64 mm de diámetro, destinada a conectar las mangueras del servicio de bomberos, la que empalma a la cañería principal, luego de la válvula de retención del sistema de control y seguridad.

En caso de conexiones mayores de 76 mm deben efectuarse conexiones gemelas.

Estas bocas de impulsión deben ubicarse sobre la fachada principal del edificio o bien dentro de la línea municipal, a no menos de 2 metros de ésta y sobre una de las paredes laterales con acceso directo.

La inclinación de estas válvulas debe ser de 90° con relación a la pared y a una altura de 60 cm sobre el piso. Se sitúan en el interior de nichos de 40 x 60 cm, llevando grabada la inscripción "Bomberos".

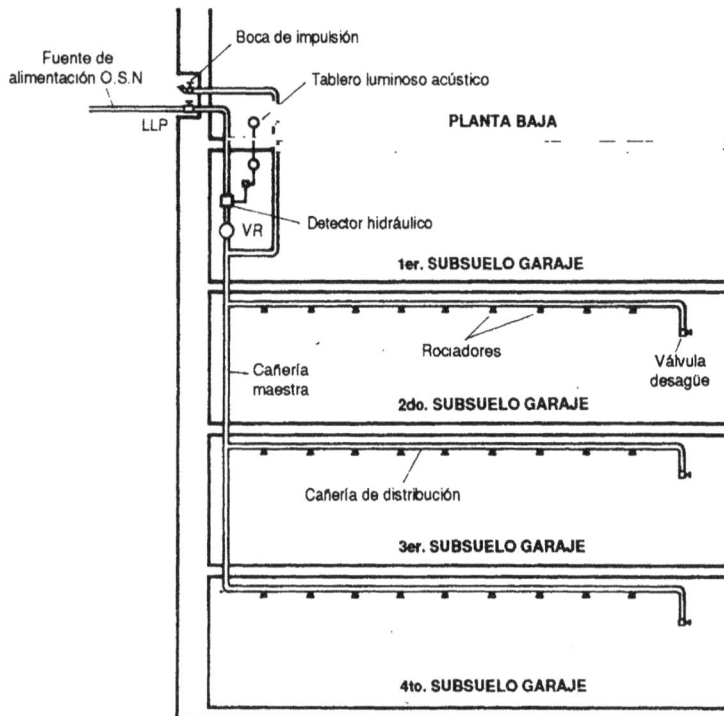

Fig. 22-VII. Instalación de rociadores automáticos en garages

TANQUES DE ALIMENTACION

Las características constructivas de los tanques son similares a la de provisión de agua para bocas de incendio reseñadas precedentemente.

Se admite para estos casos *tanques mixtos*, colocándose la salida de los sprinklers, de modo que siempre quede almacenada la capacidad necesaria de agua para su utilización.

Cuando se emplean simultáneamente para la extinción el mismo tanque para sprinkler y bocas de incendio, debe sumarse a la capacidad de agua necesaria para los sprinklers, las que corresponden a las bocas de incendio.

Puede estimarse para los rociadores una capacidad de agua mínima de 5 litros por m² de área servida.

Por otra parte, para lograr una adecuada presión, los tanques deben tener una altura de por lo menos 5 m sobre el sprinkler más alto de la instalación.

SISTEMA DE CONTROL Y SEGURIDAD

La instalación de rociadores debe estar provista de un sistema automático de modo que al actuar algún rociador, produzca la circulación de agua por las tuberías y a la vez haga accionar los dispositivos de alarma correspondientes.

Los sistemas que se utilizan son:

- Detector hidráulico
- Válvulas de control y alarma automática

Detector hidráulico

Se trata de un dispositivo, accionado eléctricamente, que actúa cuando circula agua producto del funcionamiento de un detector ó eventualmente una pérdida de agua de la instalación.

Dicho sistema consta básicamente de los siguientes elementos:

- Detector hidráulico propiamente dicho
- Indicador eléctrico
- Campana o sirena de alarma
- Fuente de alimentación eléctrica

El *detector hidráulico* debe construirse en bronce u otro material inoxidable contando con una *paleta* que es una pieza de material plástico elástico e inalterable que es sensible al flujo de agua que se desplaza, y se ubica en el interior de la cañería de alimentación a los sprinkler, permitiendo el cierre del circuito eléctrico de la alarma.

Se exige que el detector pueda ser regulado a voluntad una vez instalado, pudiéndose colocar en cañerías con cualquier tipo de inclinación, soportando una presión de prueba de 10 kg/cm^2.

El *indicador eléctrico* es una caja de material incombustible que señala el circuito normal, anormal, y alarma según las circunstancias. Trabaja con bajo voltaje mediante un transformador, debiendo contar con una llave bipolar destinada al corte de la alarma.

En general las luces indicadoras señalan con verde el circuito normal y rojo el circuito anormal o alarma.

La *campana o sirena de alarma* es un mecanismo eléctrico de gran sonoridad destinada a acusar una alarma del sistema. Debe ser de bajo voltaje actuando cuando se cierra el circuito eléctrico.

La *fuente de alimentación* o energía eléctrica proviene de la red general de 200 volts, debiendo ser independiente del suministro del inmueble. Sólo en casos de excepción puede ser derivada desde la fuente de provisión que sirven a las bombas elevadoras de agua del servicio de incendio, en caso de que existan.

El funcionamiento del sistema consiste en que al circular agua por las cañerías se produce el accionamiento de la paleta y el detector cierra el circuito eléctrico de la alarma, abriendo el circuito normal, simultáneamente el relé cierra el circuito de la campana de alarma y luz, enclavándose eléctricamente. En estas circunstancias, la campana de alarma sólo puede ser detenida desde la llave interruptora. Cuando el flujo de agua cesa, se produce la apertura del circuito de alarma pasando nuevamente al circuito normal.

Se complementan estos dispositivos con los siguientes elementos:

- Válvula de cierre principal
- Válvula de retención
- Válvula de desagüe
- Válvula de prueba de la alarma
- Manómetro

La *válvula de cierre principal* constituye el elemento que permite el cierre o suministro de agua a la instalación de rociadores automáticos.

Se exige que sea del tipo exclusa de bronce, debiéndose mantener permanentemente abierta y precintada por razones de seguridad.

La *válvula de retención* es un dispositivo que permite que el agua fluya siempre en una sola dirección, construida en bronce, debiéndose ubicar de modo que permita su fácil limpieza y desmontaje.

La *válvula de desagüe* debe ser de 51 mm de diámetro a fin de permitir el desagote del sistema, del tipo globo de bronce.

La *válvula de prueba de alarma* debe ser de 13 mm de diámetro, del tipo globo de bronce. Se coloca junto a la de cierre, con el fin de probar el sistema de alarma como si hubiera funcionado un rociador.

El *manómetro,* destinado a medir la presión en el sistema.

Válvula de control y alarma automática

Cumplen la misma función de los sistemas indicados precedentemente, pero el accionamiento de la alarma o campana acústica es producido directamente por acción hidráulica.

En el esquema de la figura 23-VII se muestra la característica de la estación de control, en la que normalmente cuando el sistema se encuentra en equilibrio sin circulación de agua, el disco de la válvula de control se mantiene cerrado.

Si por algún motivo actúa algún sprinkler, se origina una diferencia de presión, que se detecta en los manómetros, produciéndose la inmediata circulación del agua hacia el rociador, levantándose el disco de cierre de la válvula de retención y permitiendo a la vez desviar también agua al sistema de alarma, el que hace sonar la campana o gong.

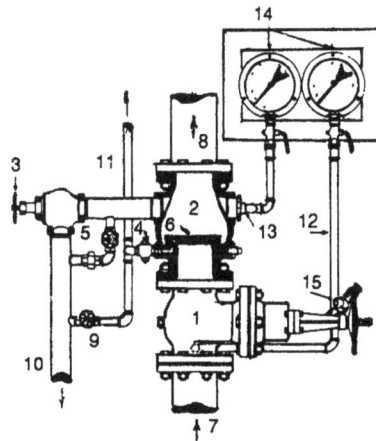

Referencias.
1: Válvula esclusa principal
2: Válvula de control
3: Válvula de desague de la instalación
4. Robinete para cierre campana alarma
5: Válvula de 13 mm para prueba de alarma
6: Disco de cierre de válvula
7: Cañería de alimentación
8: Cañería distribución de rociadores
9: Válvula de desagote alarma
10: Caño de desagüe instalación
11: Caño alimentación de campana de alarma
12: Conexión manómetro aguas abajo
13: Conexión manómetro aguas arriba
14: Manómetros
15: Candado y cadena para asegurar la válvula principal

Fig. 23-VII. Válvula de control y alarma

Lo mismo que en el caso anterior, el sistema requiere una válvula de prueba de accionamiento manual para verificación del funcionamiento del sistema.

Además, debe colocarse una válvula principal esclusa de cierre precintada, dos manómetros que se montan antes y después de la válvula de control y un robinete de media vuelta para permitir el cierre de la alarma a voluntad.

Hay dos tipos característicos de sistemas de rociadores automáticos:

- De cañería llena
- De cañería seca

Los rociadores de *cañería llena*, consiste en que las cañerías de suministro y distribución están siempre con carga de agua, constituyendo los sistemas más comunes, como los que se describieron precedentemente.

Los rociadores de *cañería seca* contienen aire y el agua puede ser regulada por una *válvula de control* accionada por una *cabeza sensible*, como se muestra en la figura 24-VII.

Estos sistemas se suelen instalar. en *grupos de distribución de agua*, provocándose la *descarga simultánea* de todo el conjunto si actúa el elemento sensible que abre la válvula, permitiendo en los casos de mucha cantidad de materiales combustibles, distribuir un gran caudal de agua para la extinción, de acuerdo a lo que se indica en la figura 25-VII, denominándose a estos sistemas tipo *diluvio*.

Los rociadores en estos casos no contienen elementos sensibles ni de cerramiento.

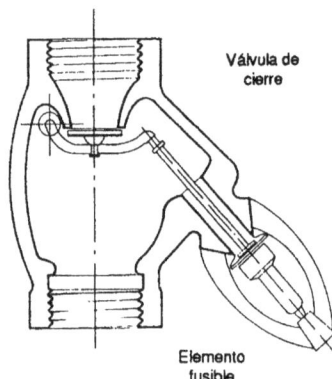

Fig. 24-VII. Válvula de control con cabeza sensible

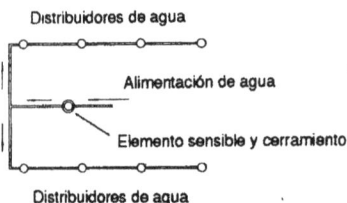

Fig. 25-VII. Actuación de grupos de sprinkler de distribución

CAPITULO VIII

SISTEMAS DE INUNDACION

CLASIFICACION

Los sistemas de inundación son un método de extinción de incendio, consistente en una *instalación fija*, que efectúa la dilución de un agente extintor, como puede ser el anhidrido carbónico, halón, espuma, etc., cuando se produce la alarma.

El chorro de descarga y su forma se determina generalmente de antemano, así como la cantidad de agente extintor y el número y tipo de boquillas que se han de instalar.

El sistema en sí consiste en una batería de agente extintor que constituye el depósito, una red de cañerías y boquillas para su descarga.

El sistema debe contar con detectores automáticos que pueden ser de calor, humo o llamas de acuerdo a la característica del local. Estos detectores son comandados por una *central de control*, que en caso de alarma, puede abrir automáticamente la válvula del sistema que contiene el agente extintor.

Esta central realiza además otras funciones, como puede ser dar la alarma de incendio, interrumpir el funcionamiento de los equipos de aire acondicionado, cierre de puertas cortafuego, y realizar otras operaciones para la extinción del fuego en forma rápida y con seguridad.

El sistema de extinción debe también poder ponerse en marcha *en forma manual*, debiendo ser fáciles de operar, accesibles en caso de incendio y situados cerca de las válvulas cuyo funcionamiento controlan.

Los sistemas de inundación pueden ser:

- Inundación total
- Inundación localizada
- Sistemas de mangueras manuales

Sistemas de inundación total

Estos sistemas consisten en una descarga prolongada del agente extintor en locales cerrados o parcialmente cerrados, de modo de proporcionar una *concentración uniforme en el espacio*.

En la figura 1-VIII se muestra un sistema de este tipo aplicado para una sala de computación, en la que se señalan los distintos componentes de la instalación fija de extinción.

El sistema consiste en una gran descarga inicial de agente extintor para inundar el local y luego se sigue administrando una cantidad adicional necesaria para mantener la concentración deseada dentro del recinto, de modo de lograr que el nivel de oxígeno esté debajo del mínimo necesario para la combustión.

Este nivel mínimo debe mantenerse mientras el material incendiado continúe ardiendo con brasas o incandescencia, hasta que todos los elementos combustibles se hayan enfriado por debajo de sus temperaturas de ignición.

Es importante entonces que las fugas del agente extintor hacia el exterior se reduzca al mínimo posible en el momento de incendio, por ello es necesario que se produzca el cierre de las aberturas de ventilación natural, forzada o aire acondicionado, previa o simultáneamente con la descarga del agente extintor. Además debe detenerse el ventilador del equipo de aire acondicionado, para evitar que el flujo de aire diluya la concentración gaseosa que se pretende.

Sistemas de inundación localizada

En estos sistemas se extingue el fuego descargando en forma sectorizada el agente extintor sobre el material incendiado.

Este método es apto para extinguir fuegos cuando no existe un recinto cerrado o el mismo no es adecuado para la inundación total. De esa manera se elimina de la zona donde se produce el fuego, el aire necesario para la combustión, substituyéndolo por una atmósfera inerte hasta que el fuego se extinga.

Debe buscarse en el diseño que la descarga del agente extintor sea inmediata y en cantidad suficiente para que el fuego pueda extinguirse antes que otros materiales cercanos absorban una excesiva cantidad de calor.

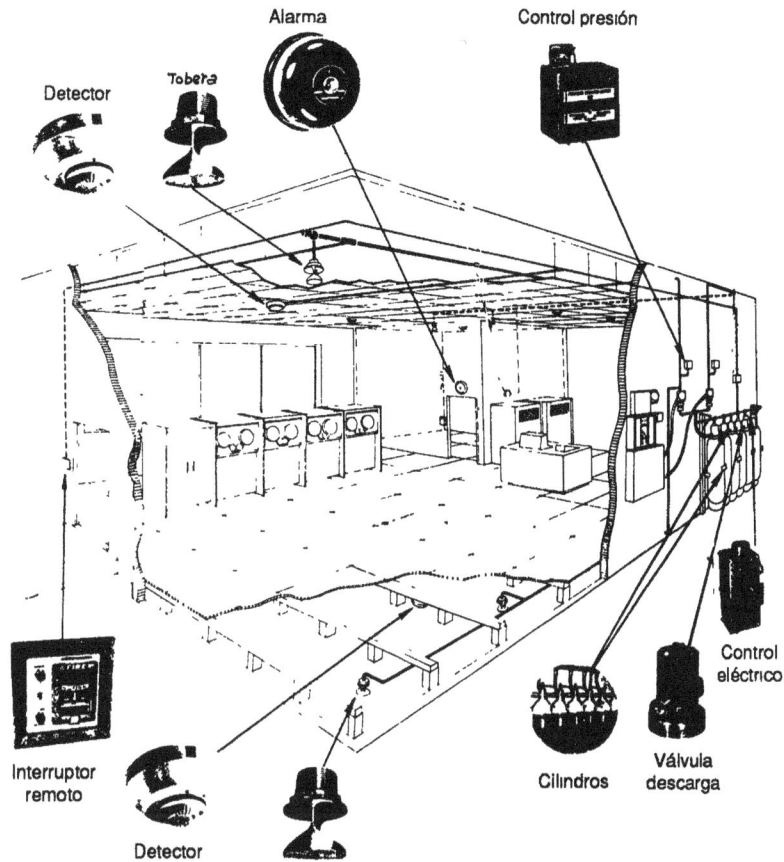

Fig. 1-VIII. Sistema de inundación total

En la figura 2-VIII se observa un sistema extintor diseñado para proteger en forma localizada determinada área peligrosa, por ejemplo un depósito de pintura.

El sistema funciona en forma automática, mediante un *elemento fusible* que actúa cuando la temperatura se eleva más de un valor determinado.

De esa manera, mediante un sistema de pesas se abren las válvulas que permiten que el anhidrido carbónico apague las llamas.

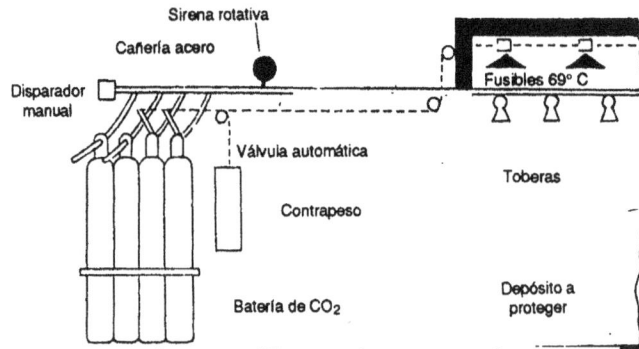

Fig. 2-VIII. Sistema de protección con anhidrido carbónico

CARACTERISTICAS DE LOS SISTEMAS

El anhidrido carbónico y el halón son adecuados para la extinción dado que no dejan residuos, especialmente cuando se trata de fuegos de clase C o eléctricos.

Por ello, se emplean para locales cerrados con instalaciones eléctricas, transformadores, motores, sala de máquinas, etc.

En los casos de inundación total debe tenerse en cuenta la *concentración* de estos agentes extintores, dado que pueden causar problemas a las personas.

Así concentraciones de 3 al 4% de anhidrido carbónico sólo tiene efectos acelerantes sobre la respiración, pero concentraciones mayores, hasta un 10% puede llegar a provocar desmayos.

Concentraciones del 20% por tiempos que sobrepasen los 15 a 20 minutos causan efectos graves.

Los halones que se emplean en este tipo de instalaciones son el halón 1301 y 1211, con riesgos de exponer al personal a altas concentraciones de cualquiera de ellos.

Por ejemplo, no deben superarse concentraciones del 5% del halón 1211 de acuerdo a lo indicado precedentemente.

Por ello, para los sistemas de inundación se emplea en general el halón 1301, que admite concentraciones del 10%.

La mayor densidad del halón permite que se utilice sobre la zona de incendio con mayor eficacia que otros agentes gaseosos extintores.

Debe tenerse mucho cuidado de todas formas para el diseño de un sistema de inundación total, el riesgo de inhalación, no sólo propio de la concentración del agente extintor, sino *por la descomposición propia de los agentes que se queman* durante el incendio.

En los proyectos debe tenerse en cuenta la producción de *falsas alarmas* que hagan que comience la descarga de todo el sistema, utilizándose detectores por zonas contiguas.

De esa manera, sólo si se activan dos zonas simultáneamente, se produce la descarga del agente extintor.

Las instalaciones fijas de extinción por *espuma*, se utilizan para fuegos de clase B o sea combustibles.

En la figura 3-VIII se muestra un sistema de protección de un tanque con un equipo fijo de espuma.

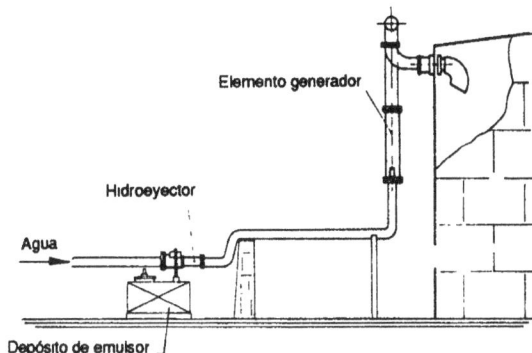

Fig. 3-VIII. Equipo fijo de espuma

Son del tipo de espuma mecánica que se logran mediante agua en la que es introducido un agente emulsor y al inyectarse aire, crea una turbulencia que da lugar a la formación de espuma. El aire se introduce en un elemento denominado *cámara generadora*.

Las espumas no son adecuadas para fuegos del tipo C con riesgos eléctricos ya que al estar compuestas con agua son conductoras, debiendo también estudiarse el material a proteger dado que pueden dejar residuos que los perjudiquen.

La principal aplicación de los sistemas de extinción por espuma son para incendios de tanques de almacenamiento de líquidos combustibles, como se indica en la figura 4-VIII.

El número de cámaras generadoras de espuma a colocar en las instalaciones fijas de extinción sobre los tanques a proteger, en el caso que la descarga sea superior, son las establecidas en la tabla del cuadro 1-VIII.

CUADRO 1-VIII. CANTIDAD DE CAMARAS GENERADORAS
DE ESPUMA POR TANQUE

Diámetro del tanque a proteger	Cantidad mínima de cámaras a colocar por cada tanque
Hasta 15 m	1
Más de 15 m hasta 25 m	2
Más de 25 m hasta 30 m	3
Más de 30 m hasta 35 m	4
Más de 35 m hasta 40 m	5

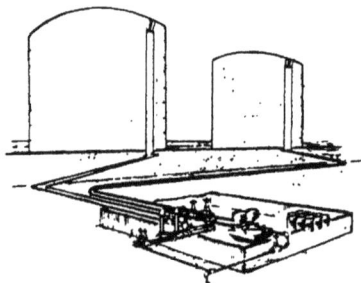

Fig. 4-VIII. Instalación fija de espuma mecánica para protección de tanques de combustibles

Sistemas de mangueras manuales

Consiste en una instalación fija del agente extintor, que abastece a líneas de mangueras.

El sistema consiste en una rueda o reel, mangueras y picos de descarga colocados en una cañería fija conectados a una fuente de ignición.

Las líneas de mangueras se utilizan para completar los sistemas fijos o los elementos extintores. Se utiliza como elemento de complemento de los sistemas fijos equipados con picos de descarga.

Sin embargo, son indispensables para los casos de incendios que pueden ser inaccesibles por sistemas fijos.

Las estaciones de mangueras deben ubicarse de manera de ser fácilmente accesibles y que lleguen hasta la parte más lejana del riesgo que ellas están destinadas a cubrir, no debiéndose ubicar donde el fuego las pueda dañar.

Las mangueras deben tener de una boquilla que pueda ser fácilmente manejada por una sola persona y que esté provista de una válvula para regular y cortar la descarga del agente extintor. La manguera debe estar arrollada en una rueda de modo que se pueda usar rápidamente sin necesidad de hacer uniones y ser desenrolladas con un mínimo de retardo.

Si se ubica al exterior debe ser protegida de los agentes climáticos.

CALCULO DE INSTALACIONES FIJAS DE EXTINCION MEDIANTE ANHIDRIDO CARBONICO

Los fuegos a extinguir pueden ser clasificados en dos categorías, según lo establecido por el Reglamento de la Cámara de Aseguradores.

* *Fuegos de superficie* incluyendo líquidos, gases y sólidos inflamables.
* *Fuegos de volumen* de sólidos, sujetos a una combustión sostenida.

Los *fuegos de superficie* son los más comunes especialmente adaptables a los sistemas de inundación total.

Pueden extinguirse rápidamente cuando se introduce el CO_2 inmediatamente en el ambiente en cantidad suficiente como para suplir las pérdidas y proveer la concentración necesaria para la materia involucrada.

Para los *fuegos de volumen* la concentración necesaria para la extinción debe ser mantenida durante un tiempo determinado, a fin que su eliminación sea completa y procurar que *no se produzca la reignición* cuando se ha disipado la atmósfera inerte.

De todas maneras, en estos casos es necesario inspeccionar el riesgo inmediatamente después de apagado el incendio, para cerciorarse que se ha extinguido totalmente.

Requerimientos de anhidrido carbónico para fuegos de superficie

Las cantidades necesarias para fuegos de superficie, están basadas en lo requerido para su extinción, debiéndose tener en cuenta en los cálculos las pérdidas de gas, así como las correcciones que sean necesarias.

Se determina la cantidad de gas necesario de acuerdo al tipo de material inflamable. En la tabla del cuadro 2-VIII, se indican la concentración mínima de diseño de gas carbónico para prevenir la ignición de algunos gases y líquidos más comunes, mediante sistemas de descarga total.

CUADRO 2-VIII. CONCENTRACIONES MINIMAS DE CO_2
PARA LA EXTINCION DE INCENDIOS

Material	Concentración mínima de diseño de CO_2 (%)
Acetileno	66
Acetona	31
Benzol-benceno	37
Butano	34
Carbono, monóxido	64
Ciclo propano	37
Etano	40
Etílico, éter	46
Etílico, alcohol	43
Etileno	49
Gasolina	35
Gas natural	37
Hexano	35
Hidrógeno	74
Isobuteno	36
Kerosene	34
Metano	30
Metílico, alcohol	31
Propano	36
Propileno	36
Aceites lubricantes y refrigerantes	34

Si se quiere calcular la cantidad de anhidrido carbónico necesaria para proteger un ambiente, puede utilizarse la tabla del cuadro 3-VIII que establece los *factores de descarga* para fuegos de superficie para una concentración del 34%, en función del volumen del ambiente.

De esa manera, multiplicando el factor de descarga por el volumen del local se determina la cantidad de kg de anhidrido carbónico necesario.

En dicha tabla se indica también los valores mínimos a tener en cuenta.

CUADRO 3-VIII. FACTORES DE DESCARGA PARA FUEGOS DE SUPERFICIE
CONCENTRACIÓN DEL 34%

Volumen del espacio m³	Factores de descarga kg CO_2/m³	Valores mínimos en kg CO_2
Hasta 4	1,125	—
4 a 14	1,050	4,5
Más de 14 a 45	0,983	15,5
Más de 45 a 125	0,874	45
Más de 125 a 1400	0,787	113

Al estimar el volumen debe tenerse en cuenta de reducir el mismo cuando se tengan estructuras sólidas impermeables.

Para los materiales que requieran *concentraciones de diseño mayores del 34%*, se debe afectar por el factor de conversión que se muestra en la figura 5-VIII.

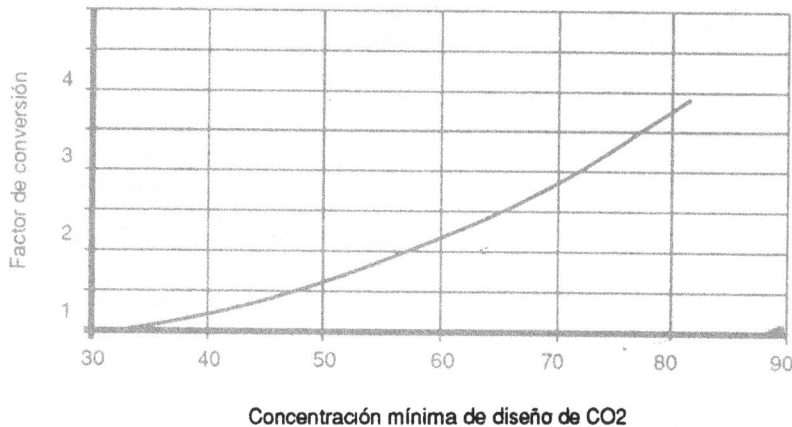

Fig. 5-VIII. Factores de conversión

Todas las aberturas que no puedean cerrarse automáticamente deben compensarse *con la adición de 5 kg de anhidrido carbónico por m²*. Para los sistemas de ventilación o aire acondicionado que no puedan cortarse, debe suministrarse una cantidad adicional de CO_2 calculado en base al volumen movido por minuto y el mismo factor de volumen que se usa para determinar la cantidad básica de CO_2 que se necesita, indicada en el cuadro 3-VIII, con el factor de conversión de la figura 5-VIII, si la concentración de diseño es mayor del 34%.

El caudal necesario que permite determinar el sistema de distribución del gas, debe ser tal que permita lograr la concentración buscada *dentro de los dos minutos.*

Requerimientos de anhidrido carbónico para fuegos de volumen

La cantidad necesaria para fuegos de volumen, está basada en hechos especiales, pues la concentración debe ser mantenida durante un período substancial para asegurar la completa extinción del incendio. En la tabla del cuadro 4-VIII se establecen los factores de descarga que han sido determinados en base al promedio y condiciones de almacenaje para los riesgos específicos.

CUADRO 4-VIII. FACTORES DE DESCARGA PARA RIESGOS ESPECIFICOS, FUEGOS DE VOLUMEN

Concentración de diseño	Factor de descarga kg CO_2/m^3	Riesgo
50	1,312	Eléctricos, inst. eléc. en general
50	1,575	Maq. eléc. peq.; cajas de conduc. eléc. con menos de 56 m^3
65	1,965	Depósitos de archivos de papel
75	2,620	Depósitos de pieles; colectores de polvo

De esa manera, la cantidad básica de CO_2 para proteger un ambiente se obtiene multiplicando el volumen del mismo, por el factor de descarga correspondiente al riesgo de incendio.

Deben tenerse en cuenta las necesarias compensaciones por pérdidas de acuerdo a lo indicado precedentemente para los fuegos de superficie.

Proyecto de distribución del gas

Para el diseño de las descargas, la Cámara de Aseguradores establece el gráfico que se incluyen como figura 6-VIII que permiten determinar el caudal de descarga y el área del riesgo a proteger por un pico común en relación de la altura de proyección.

Cuando deben cubrirse cilindros o cualquier otra forma irregular se debe tener en cuenta el área proyectada sobre la superficie horizontal.

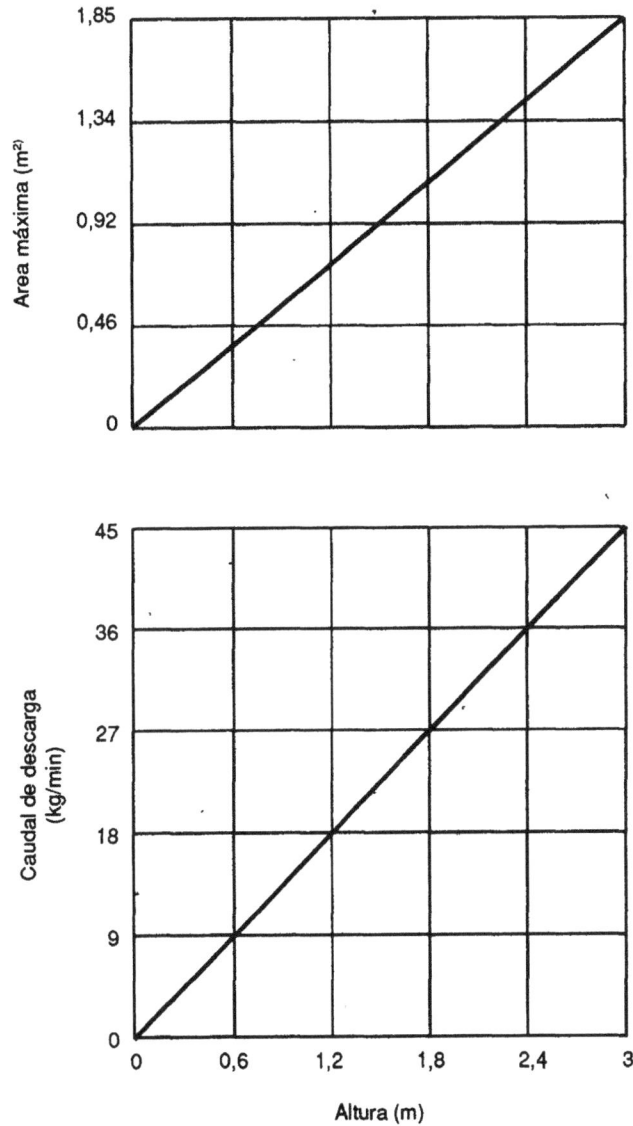

Fig. 6-VIII. Area máxima y caudal de descarga de un pico común, en función de la altura de proyección.

El proyecto debe contemplar la cantidad de picos necesaria para cubrir el riesgo de incendio en base a la descarga calculada, actuando en forma coordinada.

Los posibles efectos de vientos, corrientes de aire, circulación forzada, etc., se deben compensar con picos adicionales ubicados adecuadamente para contrarrestar sus efectos.

CAPITULO IX

PROTECCION CONTRA RIESGO ELECTRICO

PROTECCION DE INSTALACIONES ELECTRICAS

De acuerdo a las estadísticas de siniestros de incendio, surge que la mayor parte de los mismos son producidos por fallas en las instalaciones eléctricas en los edificios.

Por ello es indispensable que las instalaciones eléctricas cuenten con dispositivos que permitan detectar las condiciones anormales de funcionamiento, con objeto de interrumpir automáticamente la línea de alimentación correspondiente.

En una instalación eléctrica se pueden mencionar las siguientes condiciones de anormalidad que son origen de incendios:

- Cortocircuitos
- Sobrecargas

Cortocircuitos

Es una falla grave que se produce fundamentalmente por el contacto directo entre dos conductores de distinta polaridad o eventualmente entre un conductor activo y tierra (potencial 0).

Por dicho efecto se produce una circulación de una intensidad de corriente *muy superior a la nominal*, lo que origina altas solicitaciones dinámicas y térmicas, que pueden provocar un incendio.

El valor o magnitud de la corriente de cortocircuito en el punto en que se produce la falla, depende esencialmente de la potencia de la *fuente de suministro de la energía eléctrica* (transformador de la red).

Estas fallas entonces *deben eliminarse rápidamente* y la capacidad de corte o interrupción de la circulación de la corriente a la tensión de servicio, de los elementos de protección, debe ser mayor que la corriente de cortocircuito máxima que puede presentarse en el punto donde deban instalarse los mismos.

De esta manera los elementos de protección deben ser capaces de interrumpir esas corrientes de cortocircuitos, antes que se produzcan daños a los conductores y conexiones.

Para ello se utilizan fusibles o interruptores automáticos.

Sobrecargas

Es una falla generada fundamentamente por el efecto de una disminución de la resistencia de aislación en la instalación eléctrica que hace que fluya por la misma una intensidad superior a la nominal, pero *no de valor tan grande y peligroso como el cortocircuito.*

Por ejemplo, estas sobreintensidades o sobrecargas suelen producirse en instalaciones muy viejas, en que la acción del tiempo ha afectado la aislación eléctrica de los cables, reduciendo la resistencia entre los conductores de distinta polaridad.

También se produce por efecto de la disminución de aislación funcional de los aparatos conectados a la red, debido a su obsolescencia o deterioro, o cuando se conectan sobre un tomacorriente cargas superiores a las admisibles o tolerables por los cables instalados.

Estas fallas originan *sobrecalentamientos en los cables*, no debiendo superar las temperaturas admisibles establecidas para ellos a fin de no afectar la aislación con que vienen recubiertos con peligro de incendio.

Debe aclararse sin embargo, que en el funcionamiento de una instalación eléctrica, *es normal que se produzcan sobrecargas de corta duración*, por ejemplo al ponerse en funcionamiento motores eléctricos, baterías de tubos fluorescentes, etc., por ello los dispositivos de protección no deben cortar el suministro eléctrico en estos casos, salvo que esas sobrecargas duren más que lo normal.

Por ello los aparatos de protección sólo deben cortar la corriente de línea cuando esa *sobrecarga o sobreintensidad sea permanente, en un lapso tanto menor cuanto mayor sea el valor de la misma.*

De modo entonces, que el corte del suministro *no debe ser inmediato* y debe efectuarse cuando las condiciones de funcionamiento produzcan *un sobrecalentamiento excesivo* en los conductores de la instalación.

Para estas fallas se utilizan igual que para los cortocircuitos, fusibles o interruptores automáticos.

Fusible

El fusible es un dispositivo destinado a proteger un circuito eléctrico contra la circulación de una corriente de intensidad excesiva, mediante la apertura de un circuito por la fusión de un elemento fusible.

Los fusibles más comunes están constituidos por tres partes fundamentales, según se observa en la figura 1-IX.

La actuación del fusible debe producirse en una cámara cerrada del cartucho y su construcción no debe permitir el cambio del elemento una vez que actuó.

En todos los casos el cartucho fusible debe ser desechado luego de la fusión, o sea que *no debe ser reparado*.

Esta disposición tiende a evitar que el cartucho sea reparado por personas inexpertas que tienden a *sobredimensionar* el hilo fusible con objeto de que no se funda muy a menudo, lo que trae como consecuencia un eventual recalentamiento de los conductores, con riesgo de incendio.

En general, el hilo fusible está compuesto por una aleación de bajo punto de fusión, constituido por plata, estaño, cobre, etc.

En caso de una *sobrecarga* en el circuito, la fusión se debe producir en un tiempo más breve cuanto mayor sea la misma.

En caso de un *cortocircuito*, el fusible debe actuar en forma prácticamente instantánea, de modo de no alcanzar capacidades de cortocircuitos elevadas de la red de suministro.

Si el funcionamiento del fusible es correcto, debe efectuarse el corte del circuito *sin generar arcos peligrosos, ni proyección de metal fundido*, que pueden ser origen de incendios.

Por tal motivo se establece que el cartucho debe tener cierta resistencia mecánica, construido por porcelana, baquelita u otro elemento equivalente y el elemento fusible debe estar rodeado de un material granulado como arena, cuarzo, etc., debiendo ser no higroscópico y no inflamable.

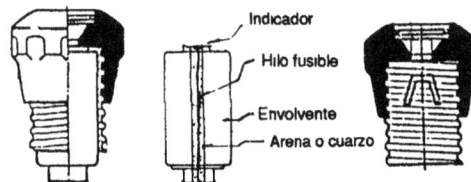

Fig. 1-IX. Fusible

Interruptor termomagnético

Es un dispositivo de maniobra y protección, con conexión manual y desconexión automática y manual, apropiado para proteger las líneas eléctricas contra cortocircuitos y sobrecargas.

Estos elementos se caracterizan por proteger las instalaciones en forma similar a los fusibles, pero sin necesidad de pieza de recambio alguna.

Los interruptores termomagnéticos, como su nombre lo indica, constan de dos protecciones:

- Protección térmica
- Protección magnética

Protección térmica

La protección térmica consiste en un elemento denominado *bimetálico*, constituido por la unión solidaria de dos metales con distintos coeficiente de dilatación.

Cuando se origina una sobrecarga, se produce una elevación de temperatura y al calentarse el bimetálico, debido a la dilatación diferencial, el mismo se deforma, aprovechándose dicho efecto para accionar un dispositivo que corta el paso de la corriente.

En caso que actúe la protección, es necesario que se reponga manualmente, cosa que no ocurre hasta que se enfríe el bimetálico, dando lugar a que se efectúe la verificación del por qué de su actuación o sea se localice la falla.

Esta protección térmica no es adecuada para el caso de cortocircuitos, porque tardaría un lapso demasiado grande en deformarse. Por ello el protector termomagnético se complementa con una protección magnética.

Protección magnética

Se utiliza una *bobina* en serie con el bimetálico, la que cuando aumenta en forma brusca la intensidad de corriente por efecto de un cortocircuito, atrae el núcleo de hierro del contacto, venciendo la resistencia del resorte y accionando el dispositivo de desconexión, en forma prácticamente instantánea.

El campo magnético generado por la intensidad nominal o una sobrecarga, no es lo suficientemente intenso como para vencer la resistencia del resorte.

En la figura 2-IX se detalla el corte de un interruptor termomagnético, en lá que se indican todos sus elementos componentes.

El *mecanismo de desconexión* que incluye los contactos es accionado por los disparos térmicos o magnético en forma independiente y actúan sobre el elemento de traba.

De esa manera, el interruptor termomagnético está compuesto de tres elementos funcionales básicos que son:

- Elemento térmico (bimetálico)
- Elemento electromagnético (bobina)
- Mecanismo de desconexión y accionamiento

El arco que se genera cuando los contactos se abren en condición de carga, pasa a través de las placas del *apagachispas* donde es dividido, enfriado y desionizado, sin producir daños al aparato.

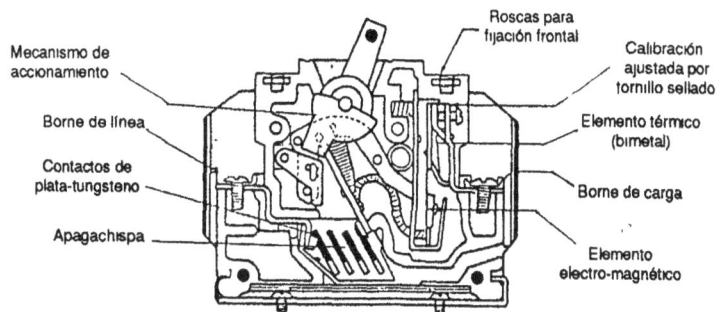

·Fig. 2-IX. Interruptor termomagnético

Protección contra contactos a masa

Se define como *masa* el conjunto de las partes metálicas de aparatos, equipos, canalizaciones eléctricas y sus accesorios (cajas, gabinetes, etc.) que en condiciones normales están aisladas de las partes bajo tensión, pero .que pueden estar unidas eléctricamente mediante una falla.

Esta falla puede resultar de un defecto de la aislación funcional de los elementos de la instalación o de los aparatos eléctricos, o de las disposiciones de fijación o protección de los mismos.

Por ejemplo, son masas las piezas metálicas que forman parte de las canalizaciones eléctricas, los soportes de los aparatos eléctricos y las piezas colocadas en contacto con la envoltura exterior de dichos aparatos.

Por extensión suele considerarse como masa todo objeto metálico situado en la proximidad de las partes bajo tensión no aisladas, y que presente un riesgo apreciable de encontrarse unido eléctricamente con esas partes bajo tensión, a consecuencia de una falla de los elementos de fijación. Por ejemplo, el aflojamiento de una conexión, rotura de un conductor, etc.

Esta falla es importante, porque no sólo puede originar un contacto indirecto si la persona toca dicha masa, sino que provoca sobrecargas o sobreintensidades *produciendo elevación de temperatura y riesgo de incendio.*

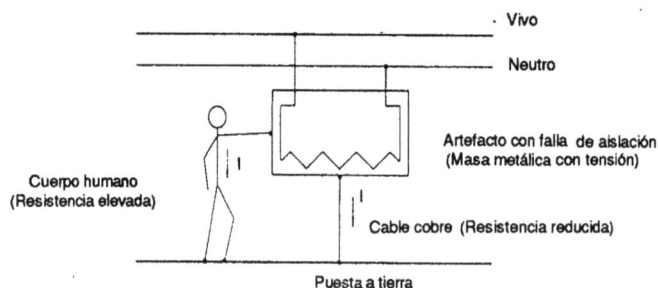

Fig. 3-IX. Detalle esquemático instalación de puesta a tierra

Como medida básica de seguridad se realiza entonces una *instalación de puesta a tierra*, que consiste en conectar eléctricamente las masas de la instalación con la tierra conductora (suelo), por medio de un sistema *permanente de resistencia reducida* (fig. 3-IX)

De ese modo, en caso de una falla se produce *una corriente de derivación a tierra importante*, que hacen actuar rápidamente los dispositivos de protección contra cortocircuitos o sobrecarga como los *fusibles o los interruptores automáticos*, o por corriente diferencial de fuga como el *disyuntor diferencial* que se describirá posteriormente.

Toma de tierra

La toma de tierra propiamente dicha es un conjunto de dispositivos enterrados, denominados *electrodos dispersores*. Según el Reglamento de la Asociación Electrotécnica Argentina, pueden utilizarse para los casos de viviendas unifamiliares, departamentos o locales comerciales, según conveniencia económica, *jabalinas, placas de cobre, cables, alambres o flejes desnudos.*

Las *jabalinas* consisten en un caño de acero-cobre o acero cincado en caliente de 12,6 y 14,6 mm de diámetro exterior mínimo respectivamente que se instalan preferentemente por hincado directo sin perforación, de modo de obtener un contacto eléctrico eficaz con el suelo, como se indica en la figura 4-IX.

Fig. 4-IX. Jabalina

Las *placas de cobre* deben tener como mínimo un espesor de 3 mm
y un área de 0,50 m², enterradas a 1,50 m como mínimo por debajo del nivel
del suelo, como se detalla en la figura 5-IX.

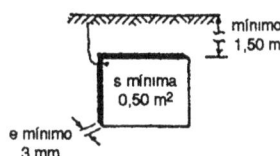

Fig. 5-IX. Placa de cobre

Los *cables desnudos* deben ser de cobre electrolítico, de una sección
mínima de 25 mm², enterrados a la profundidad mínima de 70 cm.

Para tomas de tierra en *grandes edificios para viviendas colectivas,
oficinas, etc.*, se especifica como electrodo dispersor *un conductor que
recorra el perímetro del edificio*, ubicándoselo en el fondo de la zanja de los
cimientos, en contacto íntimo con la tierra. Se deben instalar formando
anillos o mallas con derivaciones hasta el nivel del suelo a una o más cajas
de derivación o placas colectoras.

Uno de los hierros de mayor diámetro de cada fundación o zapata,
se une al conductor dentro del hormigón mediante soldadura para
aprovechar la baja resistencia de los electrodos naturales.

Conductor de protección

El conductor de protección consiste en un cable de cobre electrolítico
aislado, de 2,5 mm² de sección mínima, que recorre toda la instalación,
conectando la toma de tierra con las *cajas, gabinetes metálicos* y un *borne
especial de los tomacorrientes*, como se muestra en la figura 6-IX, destinado a vincular las masas de los artefactos eléctricos conectados a la red.

Fig. 6-IX. Tomacorriente con borne de conexión a tierra

Por otra parte, las cajas y artefactos metálicos fijos, deben estar provistos de un borne o dispositivo de conexión adecuado para unirlo al conductor de protección, como se detalla en la figura 7-IX.

Fig. 7-IX. Bornes para puesta a tierra de cajas y artefactos

El conductor de protección permite asegurar la *continuidad eléctrica de la instalación* dado que los caños metálicos si bien son conductores, pueden tener aislaciones por posibles deficiencias en el montaje.

En tableros y bandejas portacables el conductor de protección puede ser desnudo.

La vinculación con la toma de tierra se produce en el tablero principal, donde se dispone una placa colectora perfectamente identificada.

En el tablero en sí, deben conectarse a tierra todas las partes no activas, así como las masas de los instrumentos, relevadores, medidores, transformadores de medición, etc.

Disyuntor diferencial

Las protecciones diferenciales están basadas en la detección de diferencias entre las corrientes que entran y salen de un elemento cualquiera de un circuito eléctrico.

En la figura 8-IX se muestra un esquema de un sensor diferencial aplicable a un circuito monofásico.

Básicamente consta de:

• Núcleo magnético toroidal.

- Arrollamientos primarios (Ape y Aps), conectados para producir flujos magnéticos, en oposición.
- Arrollamiento secundario (As).

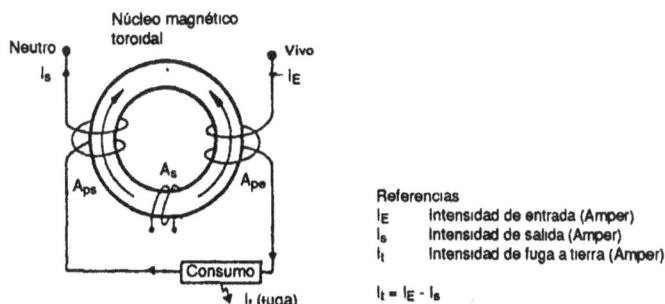

Fig. 8-IX. Funcionamiento del disyuntor diferencial

Cuando aparece una intensidad de fuga o corriente en derivación It, · la diferencia de flujos magnéticos ya no es nula, e induce en el arrollamiento secundario As una fuerza electromotriz.

Esta fuerza electromotriz es utilizada para activar un *dispositivo de apertura electromagnético*, en un tiempo pequeño (30 miliseg), con una sensibilidad de 30 miliamper, de acuerdo a las disposiciones del Reglamento de la Asociación Electrotécnica Argentina.

De esa forma, básicamente el disyuntor diferencial es un aparato destinado a detectar fugas a tierra, protegiendo contra dichas fallas mediante la interrupción automática de la circulación de corriente con *alta sensibilidad* ya que funciona satisfactoriamente aún cuando la resistencia a tierra es relativamente elevada.

Por ello, el uso del disyuntor diferencial es muy recomendable, dado que permite instalaciones de puesta a tierra más económicas, constituyendo *desde el punto de vista de la protección contra incendios una permanente supervisión de la aislación de las partes bajo tensión* de la instalación eléctrica, protegiendo además a las personas contra contactos indirectos.

Sin embargo, el disyuntor diferencial *no actúa ante fallas balanceadas* sin fuga a tierra como puede ser una sobrecarga o cortocircuito, por lo que se debe complementar con una protección termomagnética, la que puede ser incorporada en el mismo aparato o mediante elementos separados instalados en serie en el circuito.

El Reglamento de la Asociación Electrotécnica Argentina, en los casos que se utilice disyuntor diferencial exige una puesta a tierra de 10 Ω, recomendándose un valor inferior a 5 Ω.

En caso de instalaciones eventualmente no protegidas con disyuntor diferencial es conveniente disponer de una puesta a tierra más eficiente, en lo posible no superiores a 0,5 Ω.

Prevenciones en la ejecución de instalaciones eléctricas

La Reglamentación de Instalaciones Eléctricas de Inmuebles de la Asociación Electrotécnica Argentina establece ciertas características que deben respetar las instalaciones fijas y elementos de las mismas.

Se especifica que los conductores con aislación termoplástica así como los caños, bandejas portacables, etc., construidos de material plástico, deben resistir la propagación de llamas mediante ensayos consignados en las Normas IRAM.

Se establece que los cables no deben colocarse en canaletas o bajo listones de madera, como se consigna en la figura 9-IX.

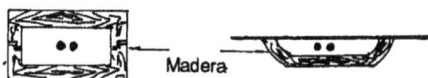

Madera

Fig. 9-IX. Colocación prohibida de cables

No está permitido el tendido de líneas aéreas en el interior de los locales, ni por encima de chimeneas o elementos que disipen calor.

Deben estudiarse perfectamente los medios de sujeción, rebabas, aplastamiento de caños, etc., de modo que no puedan ser dañadas en el montaje las aislaciones de los cables.

El proceso de envejecimiento de las aislaciones de conductores e instalaciones es causa de accidentes de incendios. Así se determina que la resistencia de aislación mínima debe ser de 1000 Ω (ohms) por volts de tensión por cada tramo de 100 metros o fracción, no admitiéndose valores inferiores a 220 KΩ.

En el proyecto de los conductores, la intensidad de corriente no debe ocasionar un calentamiento por encima de lo especificado para cada tipo de cable.

Por ejemplo, para los cables comunes con aislación termoplástica, según Norma IRAM 2183 se admite un calentamiento hasta 70°C, referidos a una temperatura del aire circundante de 40°C. En condiciones de cortocircuito el conductor no debe superar los 160°C.

Los *tableros eléctricos* deben instalarse en lugares secos, en ambientes de fácil acceso y alejados de otras instalaciones como las de gas, agua, teléfono, etc.

En edificios de envergadura, el tablero principal se instala en locales específicos, identificado con una leyenda en la puerta, que debe ser no inflamable y resistente al fuego, con doble contacto y cierre automático.

Dicho local no debe ser usado para almacenamiento de ningún tipo de combustible, ni de material de fácil inflamabilidad.

Los tableros deben contemplar condiciones de temperaturas máximas establecidas en las Normas IRAM y sus partes constitutivas pueden ser metálicas o materiales plásticos con características de no inflamabilidad.

Los *interruptores* deben tener una velocidad de apertura de los polos sumamente rápida a fin de disminuir al mínimo la formación de *arcos voltaicos* que consiste en una corriente que fluye a través del aire que se ha ionizado en la proximidad del contacto, haciéndose conductor eléctrico.

Para ello, se emplean contactos con cámaras al vacío o dispositivos apagachispas, etc.

En el caso de *transformadores* refrigerados por aceite, debe efectuarse el manipuleo con el máximo cuidado para evitar derrames que pueden ser origen de incendio.

Los *motores eléctricos* son también origen de incendios, debido por ejemplo a la combustión de las partes de aislación por arcos o chispas originadas por cortocircuitos o recalentamientos en virtud de sobrecargas o sobreintensidades, aumento anormal de la temperatura de los cojinetes debido a trabajo intenso o falta de lubricación, por lo que deben tomarse las medidas de prevención al respecto.

Instalaciones de protección en ambientes peligrosos

Se denomina *ambiente peligroso* aquél en que por la composición de su atmósfera pueden producirse daños o deterioros en el funcionamiento del equipo eléctrico por ignición o explosión de gases, vapores, líquidos y polvo o por ataque de substancias químicas o propagación del fuego.

Los motores y generadores deben tener una construcción de envoltura antideflagrante, lo mismo que los aparatos eléctricos.

En el proyecto, se procura que los equipos estén situados en zonas en que el riesgo sea mínimo o nulo.

También es posible reducir los peligros por medio de ventilación con presión positiva, utilizando una fuente confiable de aire limpio.

Las cañerías deben ser metálicas del tipo pesado y poseer uniones a rosca para disminuir el chisporroteo cuando una corriente de falla circula a través del sistema de canalización.

Cuando no se pueda hacer una unión a rosca efectiva, se debe realizar un puente de unión que asegure la continuidad eléctrica.

La temperatura del equipo y material eléctrico no debe sobrepasar valores de inflamación de los elementos presentes en el local.

Los interruptores y fusibles, aparatos motores y equipos deben montarse fuera de estos locales, de lo contrario deben tener envoltura a prueba de explosión.

Se pueden utilizar cajas o gabinetes de uso general cuando los contactos de los conductores se encuentren en las siguientes condiciones:

- Sumergidos en aceite.
- Completamente cerrados en una cámara, evitando la entrada de gases o vapores.
- Circuitos que bajo condiciones normales no proporcionen suficiente energía como para causar el encendido.

Las canalizaciones deben ser selladas herméticamente en los puntos de entradas a cajas y gabinetes donde se instalen dispositivos de protección y maniobra. Los sellos deben ser instalados lo más cerca posible de las mismas y no deben superar una distancia de 0,50 m.

Las lámparas fijas y portátiles así como los artefactos de iluminación deben construirse de material difícilmente inflamable y las condiciones de seguridad están establecidas por las Normas IRAM.

Los conductores deben responder al ensayo especial de no propagación de incendios, especificados en la Norma IRAM 2289.

ELECTRICIDAD ESTATICA

La electricidad estática se produce debido al frotamiento entre dos cuerpos, y las *chispas* que suelen originarse cuando se efectúa la descarga puede provocar un riesgo de incendio.

Las causas más comunes de generación de electricidad estática pueden ser:

- Fricción de correas de transmisión de máquinas.
- Fricción de rodillos.
- Transporte, transvase o manipulación de líquidos inflamables.
- Utilización de fibras o tejidos artificiales.
- Artefactos que trabajan a alta presión.
- Sopleteada de pinturas.
- Desplazamiento de polvo orgánico o inorgánico a través de conductos de extracción en establecimientos textiles, moliendas, etc.
- Fricción de vehículos con el aire.

Por ello la Reglamentación de la Ley de Higiene y Seguridad en el Trabajo establece que donde sea imposible evitar la generación y acumulación de cargas electrostáticas, deben adoptarse medidas de protección con objeto de impedir la formación de campos eléctricos, que al descargarse produzcan chispas capaces de generar incendios o explosiones.

Las medidas de protección tendientes a facilitar la eliminación de la electricidad estática deben estar basadas en los siguientes métodos o la combinación de alguno de ellos:

- • Humidificación del medio ambiente.
- Aumento de la conductibilidad eléctrica de los cuerpos aislantes ya sea en su superficie, volumen o ambos, mediante ionización.
- Descarga a tierra de las cargas generadas por medio de una buena *puesta a tierra* e interconexión de todas las partes conductoras susceptibles de tomar potenciales eléctricos en forma directa o indirecta.

El procedimiento de mantener un elevado tenor de humedad, en general superior al 65%, tiende a la formación de una película húmeda sobre los elementos aislantes, para producir la descarga de la electricidad estática.

Este procedimiento sin embargo, está limitado a locales donde la humedad no afecta el proceso de fabricación.

Por ello, en algunos casos se opta por el proceso de ionización del aire que rodea los equipos convirtiéndola en conductora de la electricidad.

Sin embargo el método más simple y eficaz es la *puesta a tierra* de los elementos que producen electricidad estática.

Estas conexiones se efectúan en los ejes de las transmisiones a correas y poleas como se indica en la figura 10-IX.

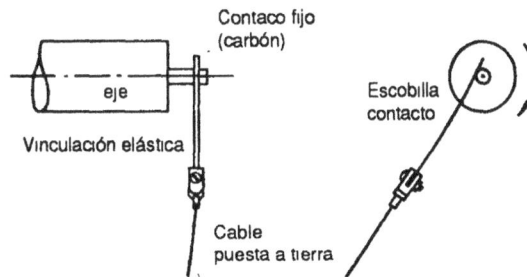

Fig. 10-IX. Forma de vinculación a tierra de los ejes

Otra forma es la utilización de *peines metálicos*, que se ubican sobre las correas y en el punto donde salen de las poleas, como se observa en la figura 11-IX.

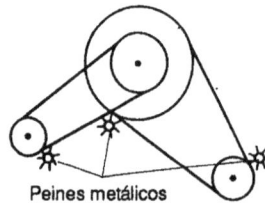

Fig. 11-IX. Aplicación de peines metálicos

Además deben conectarse a tierra los objetos metálicos que se pinten o barnicen con pistolas de pulverización, las que también deben estar conectadas a tierra.

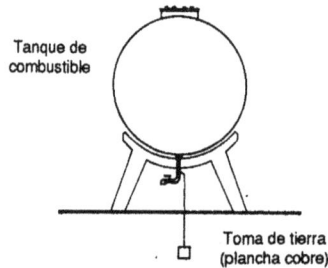

Fig. 12-IX. Puesta a tierra de depósito de combustible

La mayor parte de los líquidos inflamables tienen una resistencia eléctrica elevada, por lo que las operaciones de transvase, transporte, etc., originan electricidad estática, de modo que las tuberías y tanques deben ser adecuadamente puestos a tierra como se indica en la figura 12-IX.

Las cañerías que transporten combustibles líquidos deben tener *continuidad eléctrica*, utilizando puentes adecuados en las uniones con juntas u otros elementos aislantes, como se observa en la figura 13-IX.

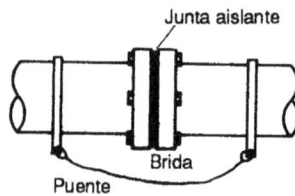

Fig. 13-IX. Vinculación eléctrica de cañerías con combustibles líquidos

En el procedimiento de descarga, los camiones tanques o vehículos que transportan combustible, deben contar con puesta a tierra permanente en la marcha, mediante cadenas o elementos apropiados y vinculados entre sí y a tierra durante la descarga del combustible, como se muestra en la figura 14-IX.

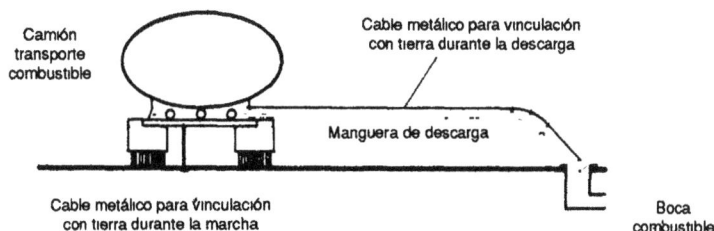

Fig. 14-IX. Prevención de electricidad estática en transporte de combustible

Las medidas de prevención deben extremarse en los locales con riesgo de incendio o explosiones, en los cuales los pisos deben ser antiestáticos y antichispazos.

El personal debe usar vestimenta confeccionada con *telas sin fibras sintéticas*, para evitar la generación y acumulación de cargas eléctricas y los zapatos deben ser del tipo antiestático.

En dichos locales el personal debe tomar contacto con *barras descargadoras* conectadas a tierra y colocadas especialmente para eliminar las cargas eléctricas que se hayan acumulado.

Cuando se manipulen líquidos, gases o polvos debe tenerse en cuenta su conductibilidad eléctrica, debiéndose adoptar las prevenciones y cuidados necesarios en caso que la misma sea baja.

PROTECCION CONTRA DESCARGAS ATMOSFERICAS

Los rayos constituyen un peligro latente de incendio, dado que originan la descarga de una enorme potencia en milésimas de segundo.

El origen de la electricidad atmosférica se debea la acumulación de cargas eléctricas en las nubes debido a numerosos factores como ser:

* Rozamientos con el aire (acción del viento)
* Fragmentación de gotas
* Variaciones térmicas
* Cambios físicos, etc.

En la figura 15-IX se muestra el proceso elemental en la que se acumula en la parte inferior de la nube, cargas negativas, mientras en la parte superior se disponen las positivas.

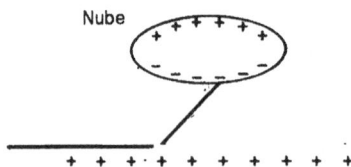

Fig. 15-IX. Proceso de formación del rayo

De esa manera el conjunto *nube-tierra*, forma lo que constituye la armadura de un *capacitor natural* cuyo dieléctrico es el aire atmosférico.

Es decir que la carga de la nube *induce* sobre la tierra otra igual y de signo contrario.

Llega el momento en que la diferencia de potencial entre la nube y la tierra es tan elevada que se origina la descarga atmosférica o rayo, produciéndose nuevamente el equilibrio entre las mismas.

La descarga atmosférica puede realizarse también *entre dos nubes*, cuando se originan diferencias de potencial suficiente entre ellas.

Pueden producirse así descargas que llegan a 1.000.000 Volts por metro con intensidades de 200.000 A en tiempos de descarga que oscilan de 20 a 200 millonésimos de segundo.

El rayo tiende a seguir en su trayectoria el recorrido de *mayor conductibilidad*, produciéndose entonces la descarga en los *puntos más elevados* que tengan la vinculación con tierra con menor resistencia.

En el caso de edificios, los peligros de incendio se originan cuando estas descargas tienen que atravesar substancias aislantes como maderas, ladrillos, hormigón, etc.

Por ello, la característica fundamental en el proyecto de la protección consiste en provocar la descarga por un medio conductor adecuado, que vincule el punto más alto del edificio con una puesta a tierra eficiente.

El sistema destinado a la protección del edificio o estructura contra las descargas atmosféricas se compone de lo siguiente:

• Pararrayos
• Conductores de vinculación
• Toma de tierra

Pararrayos

El pararrayos es el conjunto de elementos de metal, colocado en la parte superior de un edificio o estructura a proteger, destinado a recibir las descargas eléctricas atmosféricas.

Se estima que una barra conectada a tierra protege una zona incluida dentro de un *cono de protección* cuyo vértice está en la punta de la barra y que tiene como base una circunferencia que rodea la misma, como se muestra en la figura 16-IX.

La existencia de la zona de influencia se ha demostrado experimentalmente, pudiendo en la práctica considerarse una inclinación de 45°.

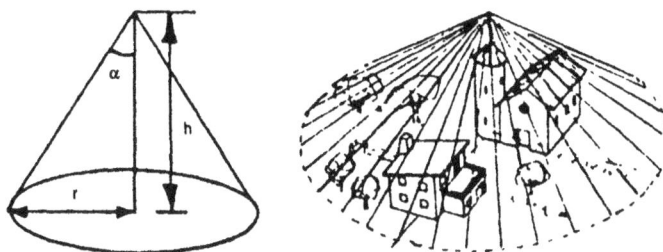

Fig. 16-IX. Zona de influencia de un pararrayos

Cuando son varias barras y dispuestas muy próximas una de otra, se producen áreas de influencia compuestas, según se indica en la figura 17-IX.

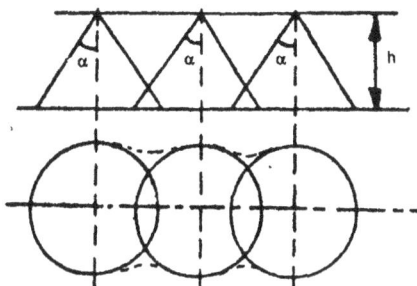

Fig. 17-IX. Zona de influencia compuesta

El elemento de captación se lo denomina *lanza o terminal aéreo*, que consiste en un elemento metálico destinado a recibir la descarga eléctrica. Debe ser de material difícilmente fusible, como ser platino, tungsteno o acero inoxidable, pudiendo consistir en varias puntas o una única punta denominada tipo bayoneta, tal cual se consigna en la figura 18-IX.

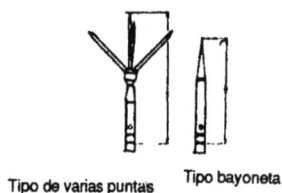

Tipo de varias puntas   Tipo bayoneta

Fig. 18-IX. Terminales de acero inoxidable con cuerpo de bronce

Otra posibilidad es utilizar puntas de material radioactivo. Se denomina *varilla terminal* la pieza de metal destinada a sostener el pararrayos y establecer la conexión con el conductor principal.

En la figura 19-IX se muestra las características de montaje.

Se deben sujetar con agarraderas o bridas de anclaje, de diámetro y resistencia adecuada a los esfuerzos que deben soportar, no debiéndose emplear riendas.

El Código Municipal de la Ciudad de Buenos Aires establece que la punta de la barra de un pararrayos debe estar ubicada por lo menos a 1 m por sobre las partes más elevadas de un edificio, torres, tanques, chimeneas y mástiles aislados.

En las cumbreras de los tejados, parapetos y bordes de techos horizontales o terrazas, las barras de los pararrayos se deben colocar a distancias que no excedan de 20 m entre sí.

Conductores de vinculación

Se denomina *conductor principal* al que produce la vinculación entre la punta o terminal aéreo y la tierra.

Dicho cable se instala a la intemperie, sustentado por aisladores de porcelana.

En la generalidad de los casos se construyen en cable de cobre desnudo, el que debe quedar tenso y recto, siguiendo el camino más corto, *no admitiéndose ángulos agudos*.

Para el dimensionado del cable se busca que el conductor nunca alcance en la descarga la temperatura de fusión, admitiéndose como *sección mínima* 50 mm².

En algunos casos se emplean cables de acero galvanizado o aluminio. Los *soportes* o dispositivos destinados a asegurar el conductor al edificio o estructura que lo sostiene, no deben estar separados a más de 1,30 metros.

Desde 2 metros del piso suele protegerse el cable, con un caño que debe ser de material no metálico.

Pararrayos de bronce de
puntas de acero inoxidable

Grapas de bronce

Cupla de reducción hº gº

Conductor desnudo
50 mm² sección

Caño de hierro galvanizado de
25 mm mínimo y longitud aproximada 3 m

Grapas de bronce

Grapas de bronce

Grapas de hierro
galvanizado

Conductor desnudo
de 50 mm² sección

Aislador,
roldana
de porcelana

Grapas de hierro
galvanizado

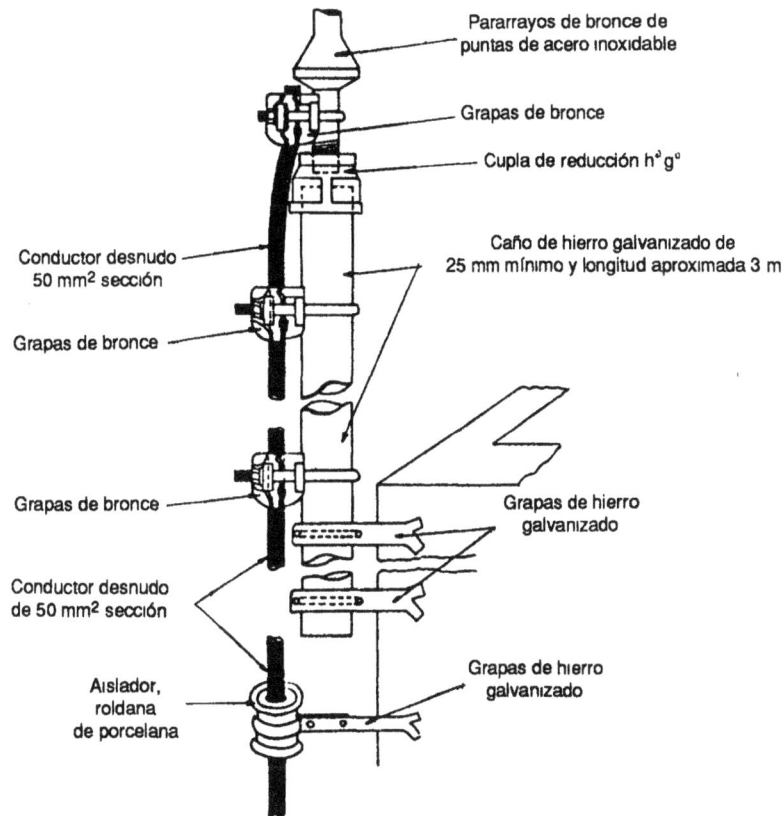

Fig. 19-IX. Detalle de soporte de varilla terminal

Se establece que en todo tipo de construcción debe haber por lo menos dos *conductores de bajada*, o sea el tramo de conductor principal utilizado para efectuar la conexión con la toma de tierra, los que deben ser colocados tan separadamente como sea posible, como se consigna en la figura 20-IX.

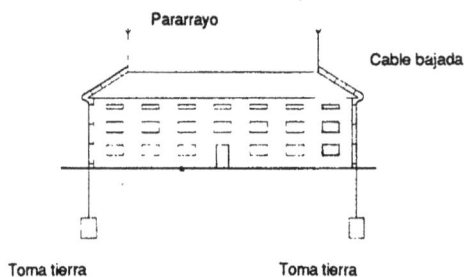

Fig. 20-IX. Detalle de conductores de bajada

Toma de tierra de pararrayos

La ejecución de la toma de tierra de pararrayos sigue los lineamientos establecidos para la instalación de electrodos dispersores ya explicados al tratar la toma de tierra de instalaciones eléctricas de edificios.

En general las tomas de tierras deben estar distribuidas simétricamente alrededor del edificio, debiendo existir por lo menos dos conexiones ubicadas en extremos opuestos.

En la Norma IRAM se admite una conexión de tierra por cada conductor de bajada, conectada a *cañería de agua o cualquier otra gran estructura metálica enterrada.*

Se especifica que en suelos compuestos por arcilla húmeda o de características generales similares en cuanto a resistividad eléctrica, las tomas de tierra pueden ejecutarse artificialmente mediante jabalinas de no menos de 3 m de longitud.

Se requiere que la toma de tierra para pararrayos sea independiente de la que exista para la puesta a tierra del edificio.

CAPITULO X

PROTECCION DE INSTALACIONES TERMICAS

PROTECCION DE INSTALACIONES DE GAS

Las instalaciones de gas en los edificios representan un riesgo importante de incendio por lo que es necesario que se adopten medidas de seguridad tendientes a evitar siniestros.

Por ello, se exige que los artefactos que se empleen deben ser aprobados por Gas del Estado.

El *gas natural es inodoro* por lo que es necesario por razones de seguridad incorporar al mismo, elementos que permitan su detección.

De esa manera, en la planta de distribución se efectúa un proceso de *odorización*, mediante el cual se le incorpora al gas circulante compuestos sulfurados, denominados *mercaptanes*.

En caso de pérdida debe en forma urgente taponarse o bloquearse la misma, y si ello no fuera posible, es necesario suspender el suministro de gas mediante el cierre de la llave principal, procediendo simultáneamente a ventilar los locales.

En estos casos no debe accionarse ningún interruptor de corriente eléctrica que puede originar chispa.

No debe utilizarse bajo ningún concepto *llama para detectar pérdidas* debiéndose emplear para ese fin una solución de agua jabonosa, que al formar burbujas indica el punto donde hay escape de gas.

El Reglamento de Gas del Estado exige que los nichos donde se instalan los medidores o reguladores de gas, deben estar separados como mínimo 0,50 m de toda instalación eléctrica que entrañe peligro de chispas como por ejemplo tablero eléctrico, medidor, etc., según se indica en la figura 1-X. Esta distancia puede reducirse a 0,30 m en el caso que el nicho disponga de ventilación o esté ubicado en un espacio exterior.

En caso de gas envasado los equipos de tubos deben ubicarse en lugar descubierto, como patios, jardines, etc., con una superficie de 3 m² por equipo.

Se establece que dicho equipo debe estar a más de 1 m de toda abertura del edificio como ser puertas, rejillas de ventilación, piletas de desagüe sin sifón, tabiques de madera o chapa cuyas partes no estén unidas, etc. Además debe alejarse por lo menos 2 m de todo artefacto eléctrico, como se detalla en la figura 2-X.

El gabinete de tubos debe mantenerse alejado a una distancia de *fuego abierto* como mínimo de 2 m, considerándose como tales a los quemadores de hornallas o fogón, terminación de conductos de evacuación de productos de combustión líquidos o sólidos, llaves eléctricas, bajadas de pararrayos, etc.

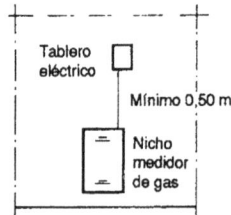

Fig. 1-X. Distancias mínimas de tablero eléctrico a medidos de gas

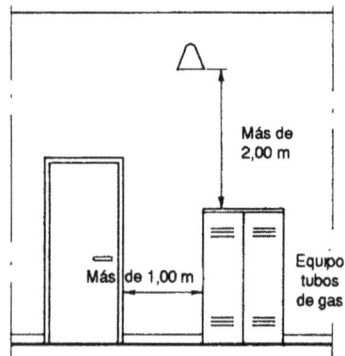

Fig. 2-X. Distancias mínimas de equipos de tubos de gas

Conductos colectivos

En edificios de plantas tipo, los artefactos de gas, como calefones, termotanques, calderas individuales, etc., con tiraje natural, se montan encolumnados, de modo que sus conductos de evacuación de gases se unifican en lo que se denominan *conductos colectivos.*

Los conductos colectivos constan de dos partes:

- Conducto principal
- Conducto secundario

El *conducto principal* colecta la descarga de todos los pisos y *el conducto secundario* tiene una altura máxima de 1 piso como se muestra en la figura 3-X, siendo individual para cada artefacto, y admitiéndose hasta dos conductos secundarios por piso.

Estos conductos representan un problema latente en lo que hace a la propagación de incendios, dado que vincula verticalmente al edificio.

Por ello, por razones de seguridad se exige que estos artefactos que son de *tiro natural o cámara abierta* estén dotados de un *sistema de cierre completo de gas en caso de falta de llama del piloto*, no debiéndose además instalar en baños, dormitorios, pasos o ambientes únicos.

Además, se aplican hasta un máximo de 8 pisos consecutivos. En el caso de estufas la altura máxima es de 5 pisos y sólo puede elevarse a 6 pisos, si la distancia entre el último calentador y el remate es de 12 metros o más.

El conducto principal se continúa siempre hasta el remate, donde se instala un sombrerete del tipo estático, ubicado a los cuatro vientos, a 1,80 m sobre el nivel de techo o terraza accesible.

Los materiales y elementos constitutivos deben tener características tales que le confieran al conducto colectivo las siguientes cualidades:

- Resistencia mecánica adecuada.
- Sistema de acople de los módulos que le aseguren estanqueidad de juntas y continuidad interna de superficies.
- Rugosidad interior pequeña.
- Resistencia a la temperatura de los gases de combustión, que en general es inferior a 250°C.
- Impermeabilidad.
- Baja conductibilidad térmica.

La instalación de los artefactos debe efectuarse teniendo en cuenta los siguientes requisitos básicos:

- Deben estar montados en forma rígida.
- No deben ofrecer peligro alguno a personas o propiedad.

Salida de gases del artef.

Conducto secundario

Anillo
inductor

Conducto primario

Calentador
de agua

Dirección de los gases

Juntas de amianto

Brida soporte

Losa

block

Tabique divisor

Espacio libre
(para evitar adherencia)

Pared de recubrimiento

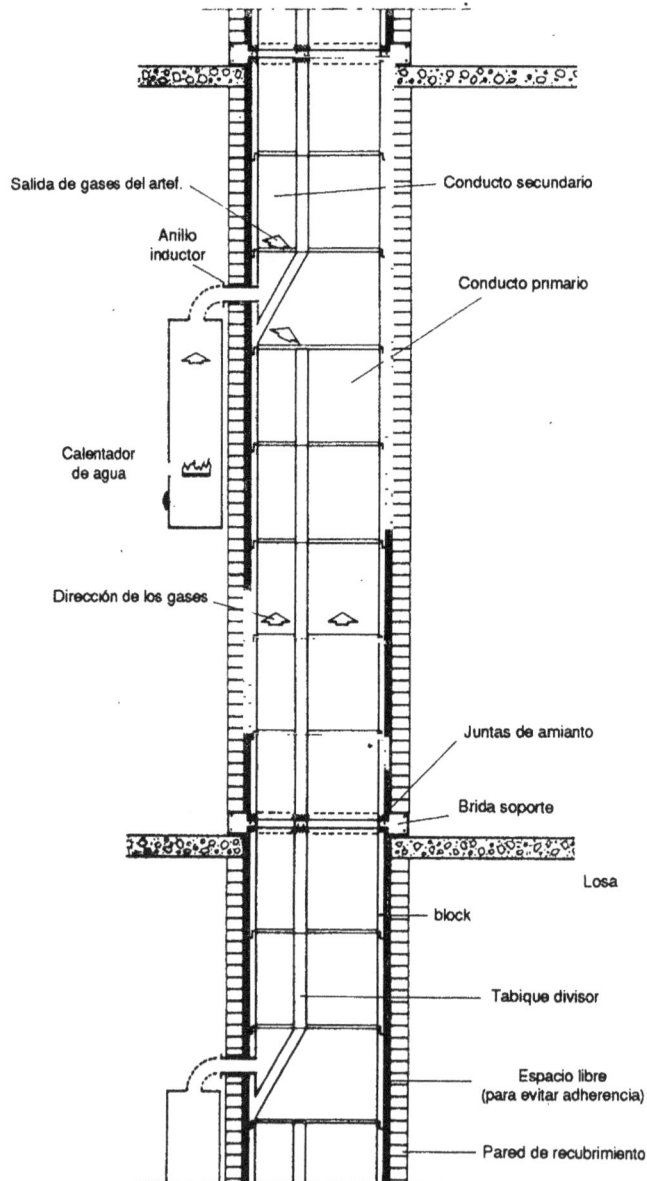

Fig. 3-X. Conducto colectivo

- No tienen que estar expuestos a corrientes de aire.
- El local donde se coloquen debe poseer las aberturas necesarias comunicadas con el exterior, para reponer el aire consumido por la combustión.
- Los artefactos de cámara abierta al ambiente o tiro natural, no deben colocarse en dormitorios ni baños, ni sobre piletas, cocinas, lavabos o cualquier otro artefacto sanitario, a fin de que la toma de aire para la combustión no afecte o sea afectada por los mismos. Los artefactos de cámara estanca o tiro balanceado en cambio, pueden instalarse sin problemas en dichos locales.

En los artefactos como hornos de cocina, calefones, termotanques, estufas, calderas, etc., se exige *dispositivos automáticos de corte del suministro de gas en caso de falta de llama*, por razones de seguridad, que se describirán posteriormente.

Para detectar la falta de llama y provocar el encendido del quemador principal se utiliza un quemador de bajo consumo denominado *piloto*.

Es de buena práctica instalar como elemento de seguridad en locales donde puede haber pérdidas *detectores de gas* que activen alarmas.

En la figura 4-X se muestra una instalación típica de un detector de gas instalado en la cocina, con un sensor auxiliar en el local sala de caldera.

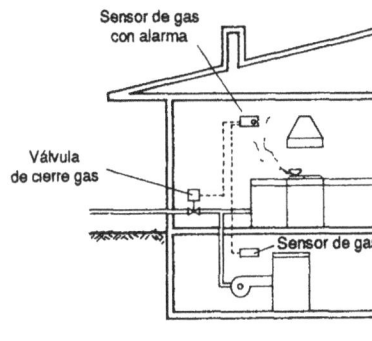

Fig. 4-X. Instalación de sensores de alarma de gas

Compartimiento o locales para medidores de gas

Cuando se instalen medidores en baterías en locales o compartimientos, los mismos deben ser exclusivos para aquéllos, de acuerdo a la figura 5-X.

Debe ser perfectamente terminado con revoque, pintura, etc., y estar aislado de instalaciones eléctricas o térmicas inflamables.

Dicho compartimiento puede ubicarse en patios de aire y luz, bajo escaleras o sótanos, debiendo en todo momento ser accesible en forma directa desde el exterior, desde la entrada del edificio a través de circulaciones comunes.

La puerta del local y el marco debe ser de material incombustible de un ancho mínimo de 0,80 m, contando con una abertura en la parte inferior para ventilación, de una sección equivalente a la salida de ventilación propia del local. Esta salida de ventilación debe comunicar la parte superior del compartimiento en forma directa al exterior, mediante un conducto.

Dicho conducto debe tener una sección libre no inferior a 0,001 m² por cada medidor, con un mínimo de 0,08 m² (0,20 m x 0,40 m). El extremo del conducto debe quedar por lo menos a 2 metros de altura debiendo contar con sombrerete y tejido metálico u otro medio que impida la entrada de basura.

La iluminación eléctrica debe efectuarse con artefactos blindados a prueba de explosión en el interior del local, con interruptor instalado fuera del mismo.

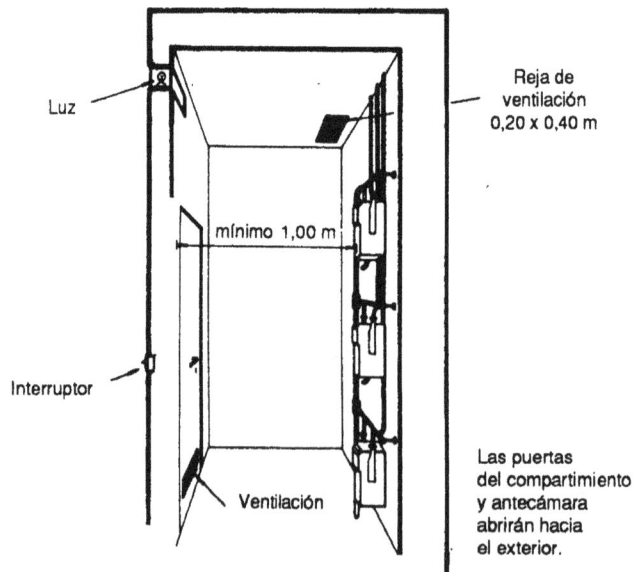

Fig. 5-X. Local medidores de gas

Si el recinto de medidores comunica en forma directa con locales donde funcionan calderas, motores o haya instalados tableros eléctricos, debe interponerse una *antecámara*, de una superficie mínima de 1 m² y un ancho mínimo de 0,80 m, que debe contar con una puerta de acceso de similares características a la del recinto de medidores.

PREVENCIONES DE INSTALACIONES TERMICAS

Se especifica que en los locales con elementos inflamables, explosivos o pulverulentos combustibles, no deben utilizarse equipos de calefacción u otras fuentes de calor.

En general toda instalación de calefacción debe ser proyectada tratando de evitar que las llamas queden en contacto directo con los locales. Las cañerías de vapor, agua caliente y similares deben estar alejadas lo más posible de cualquier material combustible.

Las instalaciones térmicas deben tener dispositivos automáticos que aseguren la interrupción del funcionamiento cuando se produzca una anomalía.

Los dispositivos que operan en forma automática sobre las calderas y quemadores pueden clasificarse en:

- Controles operativos
- Controles de seguridad

Los *controles de operación* tienden a regular el funcionamiento de la instalación de acuerdo a las necesidades del servicio que presta.

Se pueden mencionar los termostatos, presiostatos, reguladores de tiraje, de combustible, etc.

Los *controles de seguridad* sólo actúan en *situaciones límite* para los que están diseñados los elementos de la instalación.

Como ejemplo se puede mencionar válvulas de alivio por sobrepresión, los dispositivos de corte por falta de llama o falta de agua, etc.

Los controles como termostatos o presiostatos pueden emplearse también para actuar o prevenir *situaciones límite*, o en algunos casos para actuar sobre alguna alarma acústica u óptica.

Los controles de seguridad deben producir la interrupción del funcionamiento del quemador cuando:

- No se detecte llama en el piloto o quemador principal (control de llama o combustión).
- Interrupción de la corriente eléctrica.

- Interrupción del tiro a través de la cámara de combustión.
- Interrupción en el suministro de combustible.
- Presión o temperatura por sobre las de funcionamiento operativo o normal en instalaciones de vapor o agua caliente respectivamente (control de límite).
- Presión excesiva o demasiado baja del combustible de suministro (control de límite).

Estos controles de seguridad deben tener la capacidad de poner fuera de servicio el quemador mediante el bloqueo del pasaje del combustible, utilizando *válvulas automáticas de cierre*, accionadas mediante solenoide, debiendo ser del *tipo normalmente cerrada*, según se indica en el detalle de la figura 6-X.

Los siniestros más comunes que se producen por fallas en las instalaciones de calderas y quemadores son:

- Explosiones
- Estallidós

Las *explosiones* que se producen derivan del gas con las cuales se abastecen las calderas como combustibles, debido a fallas en el quemador.

Los *estallidos* son originados por un aumento de presión del fluido termodinámico utilizado dentro de la caldera.

Las causas más frecuentes de explosiones se deben a la *deficiente instalación del quemador de gas*, el que puede llegar a acumularse en la cámara de combustión y en distintos lugares de la caldera, produciéndose la ignición violenta en el momento de originarse la chispa de encendido.

Las causas de estallidos más comunes son por *falta de agua* en la caldera al originarse la evaporación prácticamente instantánea con un aumento de presión que no puede ser soportado por el material con que está construida.

Entre los hechos que llevan a esas fallas pueden mencionarse:

- Inconveniente con las válvulas de cierre de combustible.
- Falla en los dispositivos de control de límite y válvulas de seguridad.
- Deficiencia en los reguladores de nivel de agua.
- Falla en los dispositivos de corte por falta de llama o control de combustión.
- Otras fallas como pérdida de agua en los tubos, mal funcionamiento de los equipos de combustión, derrame o pérdida de combustible, obstrucciones de cañerías, etc.
- Inadecuada ventilación de las salas de calderas.
- Deficiencia de mantenimiento.
- Deficiencia de fabricación.

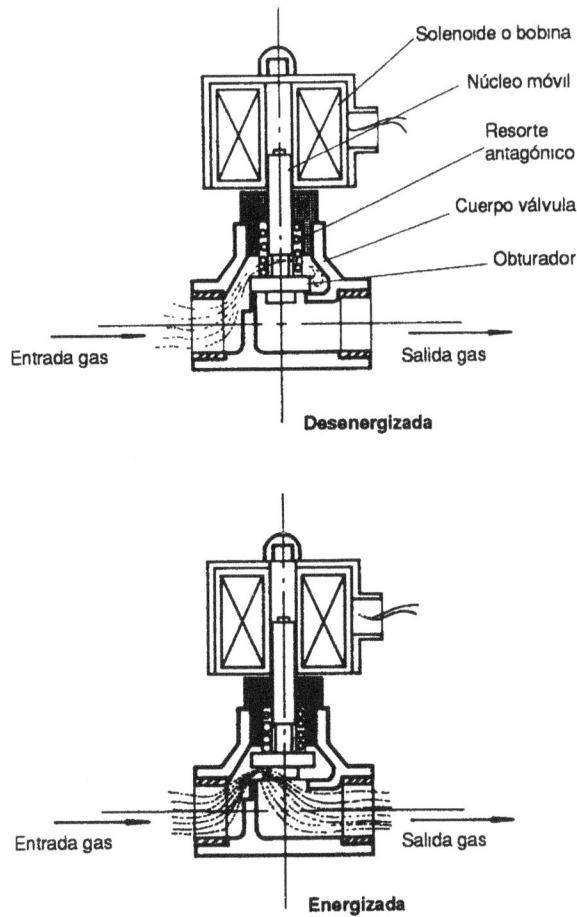

Fig. 6-X. Funcionamiento de válvula solenoide de cierre

Las fallas en las válvulas de cierre de gas a los quemadores en caso de una situación límite se producen por pinchaduras, mala calidad de los dispositivos de cierre, así como ingreso de suciedades, como incrustaciones, residuos sólidos, etc., no provocando un adecuado cierre.

Además puede fallar el núcleo o sistema que provoca la energización o desenergización de la válvula.

Control de límite por presión o temperatura

El *termostato o acuastato* es un elemento que en función de un aumento de temperatura permite o no la habilitación del circuito en una instalación de agua caliente. En instalaciones de vapor se utiliza un *presiostato* que actúa en función de la presión.

Estos elementos cuando actúan como controles de límite deben contar con un adecuado mantenimiento y control de los valores de corte u operación de seguridad.

Controles de seguridad

Las *válvulas de seguridad por sobrepresión* son elementos importantísimos como alivio de la misma en caso de falla, debiendo emplearse no sólo en instalaciones de vapor, sino también en instalaciones de agua caliente.

Los *controles de nivel de agua* se utilizan en instalaciones de vapor y actúan como dispositivos operativos para mantener constante el nivel de agua de la caldera y como seguridad *en caso de que el nivel disminuya de un valor determinado*, cortando el suministro de combustible al quemador, como se detalla en la figura 7-X.

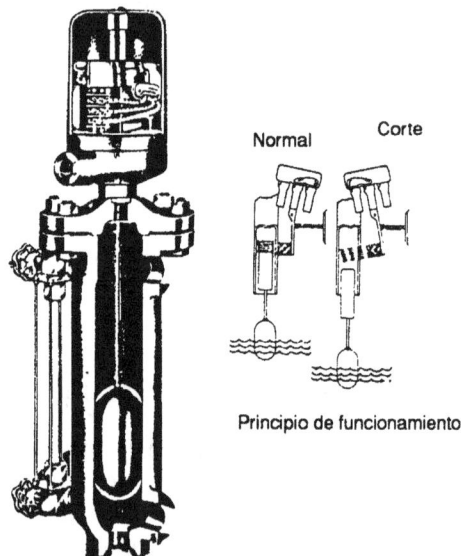

Fig. 7-X. Control de nivel de agua de calderas

Dispositivos de control de combustión

Consisten en un conjunto de elementos que permiten verificar la presencia de llama, tanto en el quemador principal como en el piloto.

El Reglamento de Gas del Estado para Instalaciones Industriales, establece que los sensores de llama pueden ser:

- Térmicos (termocuplas, para calderas semiautomáticas y manuales).
- Iónicos (varillas de rectificación).
- Radiación (fotoeléctricos).

Térmicos (termocuplas)

Son elementos sensibles al calor, que actúan sobre el piloto, originando por calentamiento una pequeña corriente eléctrica que acciona sobre una bobina que mantiene la válvula principal abierta durante el tiempo de encendido de la llama piloto, como se detalla en la figura 8-X.

En la maniobra de puesta en servicio se efectúa la retención de la válvula del piloto abierta en forma manual con un botón, hasta que la bobina de la termocupla efectúe dicha retención y produzca el encendido de la llama principal.

Si por cualquier eventualidad se apaga la llama, este control corta automáticamente el suministro de gas al quemador, mediante el accionamiento de cierre de la válvula de seguridad.

El inconveniente de este sistema reside en que la termocupla tarda bastante para ser calentada por el piloto y también requiere un tiempo grande en actuar después de una falla de la llama, generalmente de 20 a 60 segundos.

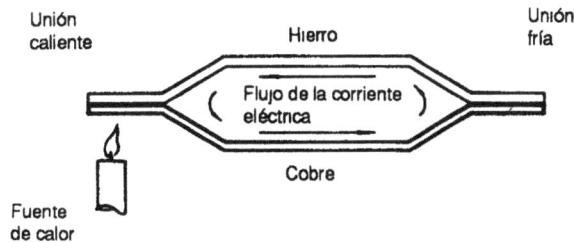

Fig. 8-X. Principio de funcionamiento de termocupla

Durante dicho lapso entonces, permanece abierta la válvula principal de admisión de gas a la cámara de combustión a pesar de no existir llama en el quemador. Por ello, estos dispositivos se emplean en artefactos de poca envergadura como los de uso doméstico.

Iónicos (varillas de rectificación)

La presencia de la llama puede ser detectada por su conductibilidad eléctrica.

En efecto, a altas temperaturas las moléculas de combustible y el aire circundante se *ionizan* haciéndose conductora y permitiendo circular corriente *en un solo sentido*, o sea se *rectifica* de alterna en continua.

Para aprovechar este efecto se utiliza una *varilla o sonda de detección*, que consiste en un electrodo sumergido en la llama principal o piloto, según se indica en el esquema de la figura 9-X.

De modo entonces que al apagarse la llama cesa la circulación de corriente, lo que provoca el cierre de la válvula de seguridad, produciéndose el corte del suministro del gas prácticamente en forma instantánea.

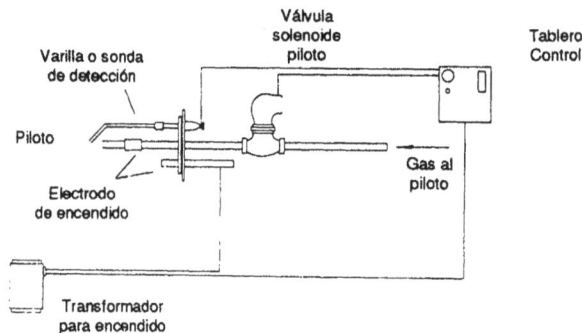

Fig. 9-X. Control por ionización

Radiación (fotoeléctrica)

Consiste en la detección de la llama por efecto de la radiación provocada sobre un elemento sensible, que se denomina *célula fotoeléctrica o fotocélula*.

Estos detectores se basan en la captación de las radiaciones que se producen en el proceso de combustión, pudiendo actuar de acuerdo a la característica de funcionamiento, dentro de la *gama infrarroja o la ultravioleta*.

Los detectores del tipo infrarrojo captan los destellos que se producen en la llama, mientras que los ultravioletas reaccionan en la zona de combustión primaria, donde tiene lugar la reacción entre el combustible y comburente.

Prebarrido

Para evitar bolsones de gas dentro del hogar de la caldera que pueden producirse en los períodos de inactividad, se considera como un proceso necesario y previo a la puesta en marcha del equipo, la realización del *prebarrido* del aire.

El prebarrido consiste en la acción de suministrar aire al equipo de combustión a fin de lograr la adecuada ventilación de la cámara de combustión, pasajes y cámara de humos, etc., antes de habilitar el mismo.

Se exige el prebarrido para equipos que poseen ventilador y registro limitador de tiro, cuya capacidad sea igual o mayor a las 100.000 kcal./h.

Debe quedar asegurado un *tiempo de espera* antes de proceder a la puesta en marcha de la unidad a los efectos de provocar el purgado del equipo.

La operación de barrido o purgado se debe prolongar durante un tiempo suficiente de modo de permitir *un mínimo de 4 cambios de aire del volumen total a barrer, o durante 12 segundos* a la capacidad máxima, debiéndose adoptar el mayor de los dos.

Durante el prebarrido debe asegurarse que no opere el dispositivo de encendido.

Conductos de evacuación de productos de la combustión

Deben disponerse los elementos necesarios para la eliminación al exterior en forma segura los productos de la combustión y/o vapores del procesamiento.

En general, todos los equipos deben contar con una chimenea de tamaño apropiado, debiendo las conexiones ser lo más cortas y directas posibles, evitando los cambios de dirección pronunciados.

Según el Código Municipal de la Ciudad de Buenos Aires, las chimeneas y conductos para evacuar humos o gases de la combustión se clasifican según su *temperatura* de la siguiente manera:

*   Baja: hasta 330°C.
*   Media: más de 330°C hasta 660°C.
*   Alta: más de 660°C.

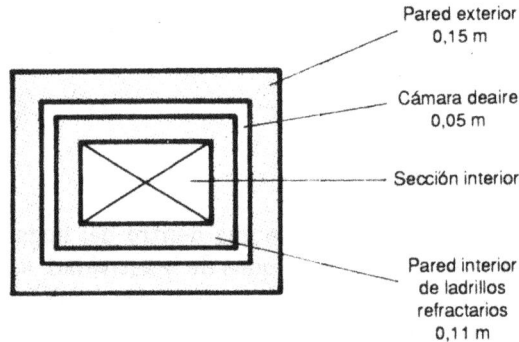

Fig. 10-X. Conducto humos de alta temperatura

En general en el caso de humos o gases de combustión las chimeneas son de *baja temperatura*, pudiéndose construir en albañilería de ladrillos o piedra, hormigón, tubos cerámicos, cemento, fibrocemento, metal, etc.

En el caso de *temperaturas medias* se exige un revestimiento interior de ladrillos refractarios de 0,06 m en toda su altura.

Si se trata de chimeneas de *alta temperatura*, se exige que el conducto interior se separe del exterior mediante una cámara de aire de 0,05 m como se indica en la figura 10-X. La pared interior se construye de ladrillos refractarios de 0,11 m.

Los conductos deben ser lisos, estancos, resistentes a la corrosión, y debidamente soportados.

Toda chimenea o conducto donde haya posibilidad de evacuar partículas encendidas o chispas, debe tener su remate protegido con un detentor o red metálica, siguiendo el criterio de la figura 11-X.

Los tramos de chimeneas o conductos de gases calientes deben estar separados a una distancia mayor de 1 m de todo material combustible.

Ventilación de locales de calderas

En los locales donde se emplazan las calderas, deben preverse las condiciones para asegurar una adecuada *ventilación*, a fin de impedir la acumulación de gas en caso de originarse alguna pérdida.

En general es conveniente una ventilación natural, no debiéndose crear *en ningún caso una presión menor a la atmosférica* a la altura del plano del quemador, ni corrientes de aire perjudiciales para el funcionamiento normal.

Las aberturas para el ingreso del aire exterior deben contar con

Abierto   Cerrado

$b \geq 3a$ $b \geq 3a$

Chimenea o conducto

Detentor o red metálica

Chimenea o conducto

Detentor o red metálica

$a \leq 0,10\ m$ $a \leq 0,10\ m$

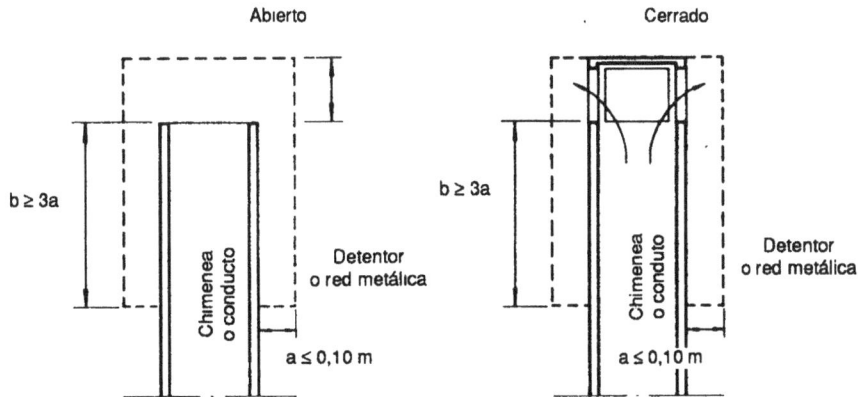

Fig. 11-X. Detentores de chispas

área suficiente, de modo de permitir asegurar la adecuada cantidad para la combustión, dentro de cualquier rango de funcionamiento del quemador.

Gas del Estado establece como valor referencial mínimo *0,2 m² por cada 1.000.000 kcal/h* como área de abertura de aire exterior, debiéndose cumplir con los requerimientos particulares del Municipio que tenga jurisdicción en la zona de emplazamiento.

Por razones de seguridad estos locales no deben tener comunicación con sala para medidores de gas, ni contener a éstos.

En caso de salas de maquinarias para aire acondicionado el Código Municipal de la Ciudad de Buenos Aires exige una ventilación que asegure 5 renovaciones horarias del volumen del local.

Mantenimiento

Otro de los motivos de siniestro lo constituye el *deficiente mantenimiento* de estas instalaciones, sin ningún control periódico.

Por ello la Municipalidad de la Ciudad de Buenos Aires adoptó el criterio de establecer un cuerpo normativo tendiente a evitar o disminuir dichos accidentes, considerando la inexperiencia en el manejo, dado que se utiliza para estos casos al encargado del edificio, sumado a *deficiencias en la construcción de calderas y controles de seguridad*, eran los factores que se detectaban en la mayoría de los desastres.

Por tal motivo se elaboraron las Normas que originaron el dictado de la Ordenanza 33677/81, que instituye un *Seguro de Responsabilidad Civil Obligatorio* para las instalaciones generadoras de vapor y agua caliente, que instituye la designación de un profesional para control de dichas instalaciones en forma permanente y periódica.

Por otra parte, la Reglamentación de la Ley de Higiene y Seguridad en el Trabajo especifica que el personal a cargo del mantenimiento y operación de las instalaciones térmicas deben conocer las características de las mismas y estar capacitados para afrontar eventuales emergencias en los establecimientos.

Seguro de Responsabilidad Civil Obligatorio

Este seguro contempla los eventuales daños que podrían ocasionar los generadores de vapor o agua caliente en el área de la ciudad de Buenos Aires.

Alcanza a todo tipo de generador, sea éste destinado a confort, servicio o uso industrial, con las *únicas limitaciones* que se indican:

• Instalaciones de vapor a alta presión, cuando la caldera no supere un volumen de 25 litros.
• Generadores de baja presión y agua caliente, cuando no superen los 50.000 kcal/h.
• Termotanques, cuando la capacidad de los mismos no supere 300 litros.

Este seguro necesita para su constitución la certificación de un profesional para constatar que la instalación reúna las necesarias condiciones de seguridad.

La tarea del mismo consiste no sólo en certificar que se cumplen las condiciones de seguridad en el momento de la constitución del seguro, sino también la de efectuar una verificación permanente de que esas condiciones se mantengan, estableciéndose que por lo menos visite la instalación una vez cada tres meses.

La actuación de este profesional tiene por objeto instruir al encargado del manejo de la caldera, para lo cual debe dejar indicado por escrito cuáles son las medidas que resulten más atinadas para los casos normales y las eventualidades que se pueden presentar en el funcionamiento.

Mediante una planilla que se incluye como cuadro 1-X se prevén controles por períodos semanales, mensuales, anuales, etc.

Además debe verificar las condiciones de los locales y su ventilación, los accesorios de la caldera como manómetros, termómetros, nivel de agua, dispositivos de seguridad, etc.

Con respecto a los elementos de corte se han requerido o exigido en la instalación como mínimo:

- Corte de la entrada de combustible por falta de llama o ignición.
- Corte por falta de agua.

Con relación a la caldera se establece una prueba hidráulica cada 10 años, incluso con verificación de espesor.

CUADRO 1-X. PLANILLA DE VERIFICACIONES PERIODICAS
Y TAREAS DE MANTENIMIENTO

Tareas a realizar	Frecuencia
Comprobación del funcionamiento del dispositivo de corte de combustible por bajo nivel del agua.	Semanal
Verificación del funcionamiento del sistema de carga de agua a la caldera.	Semanal
Verificación del funcionamiento del dispositivo de corte de combustible por falta de llama y/o ignición.	Semanal
Verificación del funcionamiento de las válvulas de seguridad.	Semanal
Inspección del estado de las superficies de calentamiento.	Mensual
Verificación del funcionamiento de los dispositivos límites y operativos.	Mensual
Inspección del sistema de suministro de combustible y quemador.	Mensual
Control de las características del agua en los generadores de vapor de baja presión (en los de alta presión la operación debe ser mensual).	Trimestral
Inspección de las entradas de aire a la sala de calderas.	Trimestral
Limpieza de sedimentos.	Anual
Pruebas de la eficiencia de la combustión y tiraje.	Anual
Limpieza interna y externa de las superficies de calentamiento.	Anual
Mantenimiento del equipo de combustión.	Anual
Mantenimiento de los dispositivos de corte de combustible por bajo nivel de agua.	Anual
Mantenimiento de los dispositivos de corte de combustible por falta de llama y/o ignición.	Anual
Mantenimiento de los dispositivos límites y operativos.	Anual
Recalibración de las válvulas de seguridad.	Anual
Mantenimiento complejo del sistema de control.	Anual
Verificación de espesores.	Cada 10 años
Prueba hidráulica a la presión fijada. Ensayos de Resistencia del Código de la Edificación para las Calderas de Alta Presión y a 1.5 veces la presión de trabajo para las de baja presión y de agua caliente.	Cada 10 años

CAPITULO XI

LUZ DE EMERGENCIA

CARACTERISTICAS GENERALES

La Ley de Higiene y Seguridad en el Trabajo establece que en todo establecimiento industrial y/o comercial, donde se realicen tareas en horario nocturno o que cuenten con lugares de trabajo que no reciban luz natural en horarios diurnos, debe contar *en forma obligatoria* con un sistema de luz de emergencia.

El Código Municipal de la Ciudad de Buenos Aires exige la instalación de luz de emergencia en los siguientes lugares:

- Estaciones de transporte subterráneos.
- Edificios públicos administrativos.
- Auditorios.
- Estudios radiofónicos o de televisión.
- Salas de baile.
- Cines o teatros.
- Circos o atracciones permanentes.
- Estadios abiertos o cerrados.
- Hoteles.
- Edificios de sanidad (hospital, sanatorio, clínica, maternidad, etc.)

Dicha luz de emergencia debe estar destinada a:

- *Iluminación de los medios de escape*, facilitando la evacuación del personal en forma rápida y segura, en caso de incendio.
- *Iluminación de seguridad*, iluminando los lugares de riesgo, en caso de corte de la energía eléctrica.

Cabe consignar que la iluminación de emergencia puede estar destinada también, pero no ya en forma obligatoria, a la continuación normal con las tareas en caso de corte de la energía eléctrica.

Tipos de alumbrados de emergencia

El equipo de iluminación de emergencia se compone básicamente de los siguientes elementos:

- Cargador
- Batería
- Sistema de conmutación
- Luminarias

De acuerdo a las características de instalación pueden ser:

- Centrales
- Individuales

Los sistemas de *tipo central* constan de varias luminarias conectadas a un equipo centralizado, constituido por batería, cargador y conmutador.

Los sistemas *individuales*, constan de una luminaria con su batería, cargador y conmutador.

En la figura 1-XI se muestra el esquema de un circuito para luces de emergencia, del tipo centralizada.

En caso de falla de alguna fase actúa el contactor, cerrando el relé de los mismos, el circuito de las luces de emergencia.

De esa manera, las luminarias se encienden automáticamente y permanecen en esa posición durante todo el período de emergencia o falta de energía eléctrica.

Al retornar la tensión a la red de suministro, el contactor abre el circuito de la luz de emergencia apagándose las mismas. Al mismo tiempo la red de suministro alimenta automáticamente a la batería por medio de un cargador, a fin de reponer la energía consumida durante la emergencia.

Se establece que los circuitos de luz de emergencia deben ser alimentados por una fuente o fuentes independientes de la red de suministro de la energía eléctrica, con una *tensión no mayor de 48 Volts*.

En todos los casos la iluminación proporcionada por las luces de emergencia, debe prolongarse por un período adecuado para la total evacuación de los lugares en que se hallan instaladas, *no debiendo ser dicho período inferior a 1 1/2 hora*, manteniendo durante ese tiempo un nivel de iluminación adecuado.

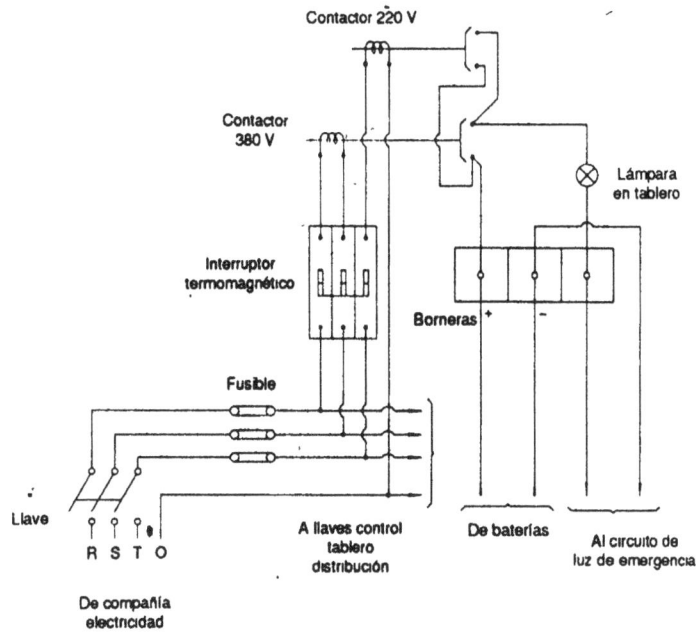

Fig. 1-XI Circuito de luz de emergencia

Las fuentes de energía para la iluminación de emergencia, deben estar constituidas por baterías de acumuladores recargables automáticamente, con el restablecimiento de la energía eléctrica principal. Los acumuladores deben ser del *tipo sin mantenimiento*, pudiendo también utilizarse *baterías de tipo estacionario con electrolito líquido.*

Estos acumuladores son del tipo plomo-ácido, con un diseño apropiado de placas que hacen que tengan una baja contaminación del electrolito en diversos regímenes de descarga que aseguren una larga vida útil.

Debido a su baja vida útil, no se admiten acumuladores específicamente diseñados y construidos para uso en automotores.

Para cumplimentar las condiciones de mantenimiento, las placas deben ser de aleaciones especiales que permitan la carga completa del acumulador con una tensión menor que la tensión de gaseo.

Iluminación de emergencia de los medios de escape

Se exige la iluminación de emergencia de las rutas de escape de incendio, en todos los medios de acceso como corredores, escaleras y rampas, así como los medios de circulación y estadía pública.

Las luminarias se ubican cerca de cada puerta de salida o de salida de emergencia, intersección de pasillos, cajas de escaleras, bifurcaciones, etc.

En general se exige una iluminación sobre el nivel del piso no inferior a 1 lux.

En los lugares tales como escaleras, escalones sueltos, accesos de ascensores, cambios bruscos de dirección, codos, puertas, etc., el *nivel mínimo de iluminación debe ser de 20 lux medidos a 0,80 m del solado*.

Las luces para la iluminación de emergencia pueden ser del *tipo fluorescente o incandescente*, no admitiéndose el uso de luces puntuales en forma de faros que produzcan deslumbramientos.

Normalmente suele disponerse tubos fluorescentes de 15 Watts cada 5 a 6 metros aproximadamente.

En general se colocan *señalizadores luminosos* a fin de que se identifiquen los medios de salida y la dirección de las rutas de escape.

Se establece que toda salida y señales direccionales permanezcan encendidas con el alumbrado normal, así cuando funcione el sistema de emergencia.

Sin embargo en las *salidas de emergencia* las luces direccionales sólo deben encenderse cuando deba evacuarse el establecimiento en caso de riesgo de incendio.

Las señalizaciones se ubican a una altura de 2 a 2,50 m sobre el nivel del piso.

CAPITULO XII

PREVENCION Y SALVAMENTO

MEDIDAS DE PREVENCION

Se establece en la Reglamentación de la Ley de Higiene y Seguridad en el Trabajo que en todo establecimiento, en los lugares que se depositen, acumulen, manipulen o industrialicen explosivos o materiales combustibles o inflamables, *debe quedar terminantemente prohibido fumar*, encender o llevar fósforos, encendedores de cigarrillos y cualquier otro artefacto que produzca llama.

El personal que trabaje o circule por estos lugares debe tener la obligación de utilizar calzado de suela y taco de goma sin clavar y sólo se le debe permitir fumar en lugares autorizados.

Las substancias propensas a calentamiento espontáneo, deben almacenarse conforme a sus características particulares para evitar su ignición, debiéndose adoptar las medidas preventivas que sean necesarias.

Asimismo para aquellas tareas que puedan originar o emplear fuentes de ignición, se deben adoptar procedimientos especiales de prevención.

En todo establecimiento *deben mantenerse las áreas de trabajo limpias y ordenadas*, con eliminación periódica de residuos, colocando para ello recipientes incombustibles con tapa.

Se establece además que se deben tener indicado en los locales y en forma bien visible la carga de fuego de cada sector de incendio.

Para facilitar el reconocimiento de las diversas instalaciones del edificio, existen *códigos de colores*, indicándose en la figura 1-XII, las señales de Seguridad y las de identificación de cañerías especificadas en las Normas IRAM.

Colores y señales de seguridad (IRAM 10.005)

Señales fundamentales	Color de seguridad	Significado	Ejemplo de aplicación	Color de contraste	Color del símbolo
⊘	Rojo	Pararse, detenerse. Prohibición	Señales de detención. Dispositivos de Parada de emergencia. Señales de Prohibición	Blanco 001 Blanco	Negro 015 Negro
			Este color se utiliza además para los equipos contra incendio y su ubicación.		
△	Amarillo	Precaución, advertencia.	Indicación de riesgos. Indicación de desniveles, obstáculos, etc.	Negro 015 Negro	Negro 015 Negro
☐	Verde	Condiciones seguras.	Salidas de emergencia, primeros auxilios, etc.	Blanco 001 Blanco	Blanco 001 Blanco
◯	Azul	Obligatoriedad.	Obligatoriedad de uso de equipos de protección personal.	Blanco 001 Blanco	Blanco 001 Blanco

Identificación de cañerías (IRAM 2.507)

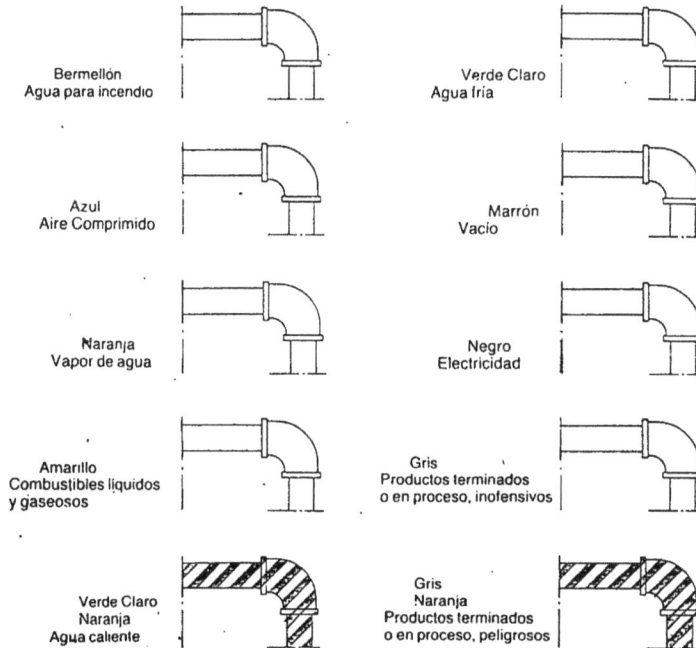

Bermellón
Agua para incendio

Verde Claro
Agua fría

Azul
Aire Comprimido

Marrón
Vacío

Naranja
Vapor de agua

Negro
Electricidad

Amarillo
Combustibles líquidos y gaseosos

Gris
Productos terminados o en proceso, inofensivos

Verde Claro
Naranja
Agua caliente

Gris
Naranja
Productos terminados o en proceso, peligrosos

Fig. 1-XII. Colores y señales de seguridad (IRAM 10.005)

Normas básicas para casos de evacuación

Durante un incendio debe efectuarse una correcta evaluación de la información necesaria, para que mediante un análisis lógico y racional, se adopte una decisión rápida. Sin embargo, en la práctica esta evaluación se ve alterada por la propia dinámica del incendio, debido a cambios permanentes y variaciones en la producción de humos y emisión de calor e incremento de focos en el edificio.

El comportamiento de los ocupantes del edificio debe ser de colaboración y ayuda, evitando bajo todo concepto el efecto de pánico.

Si el fuego es incontrolable es indispensable salir rápidamente, dado que el mismo se incrementa en muy poco tiempo y no se debe intentar extinguirlo.

Para ello deben utilizarse las escaleras más próximas y de ninguna manera los ascensores.

En caso de quedar atrapado en el recinto lleno de humo, es conveniente tenderse en el suelo, donde generalmente el aire está menos contaminado.

Se recomienda respirar con la nariz y si se intenta salir del local, hacerlo arrastrándose.

Antes de abrir las puertas debe percatarse de que no estén muy calientes, en tal caso no deben abrirse, porque la entrada de oxígeno puede provocar el incremento del fuego.

Otra forma es abrir las ventanas y colocarse debajo de ellas. Debe esperarse el rescate y no efectuar saltos de varios metros.

En caso de originarse pánico o tumulto en las salidas, no se debe acercar a ellas.

Otro de los aspectos es que una persona que escapa *no debe volver a entrar*. En esos casos deben actuar los bomberos que han sido alertados para la extinción.

La orden de evacuación total o parcial de un edificio debe partir del sector de seguridad o del cuerpo de Bomberos.

Tareas de salvamento

Frecuentemente los bomberos deben penetrar en el interior de los edificios incendiados para rescatar a las personas allí aisladas o para combatir mejor el incendio.

Para ello utilizan ropa especial, no inflamable construida de fibras sintéticas incombustibles.

El peligro no sólo proviene del fuego, sino de los *gases tóxicos* producidos por la combustión, por lo que se utilizan *máscaras*, como se muestra en la figura 2-XII.

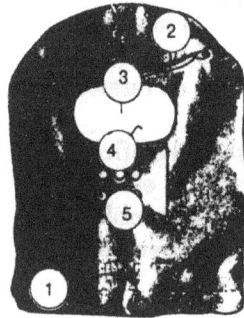

Referencias
1:   Material resistente a la combustión, auto
     extinguible (base textil con plastificado)
2:   Elástico para ajuste bajo la barbilla
3:   Visor
4:   Interior forrado con aislante
5:   Filtro de contra humos

Fig. 2-XII. Máscara contra incendios

Suele incorporarse en la máscara un cartucho de carbón activado, el que actúa como absorbente de los gases nocivos, permitiendo la respiración.

Si el local está invadido por el humo y los gases tóxicos de modo que no hay oxígeno suficiente, es indispensable complementar las máscaras con tubos de aire comprimido, tal cual se indica en la figura 3-XII.

Fig. 3-XII. Equipo de protección contra el fuego

El *casco de seguridad* debe ser resistente a los impactos, construido de material incombustible.

Otros elementos son los *cinturones de seguridad*, con eslingas transportadoras de nylon, como se muestra en la figura 4-XII.

Fig. 4-XII. Cinturones de seguridad   Fig. 5-XII. Anteojos de seguridad

Se utilizan guantes, zapatos, botines, botitas, botas de seguridad, anteojos con o sin protección lateral, según figura 5-XII, etc.

Los *guantes de amianto* se emplean como protección así como también para apagar pequeños focos, atento a las cualidades del amianto. Se emplean en el uso de matafuegos de anhidrido carbónico para prevenir las bajas temperaturas del gas al expandirse.

La Reglamentación de la Ley de Higiene y Seguridad en el Trabajo establece que las *escaleras de mano* deben ofrecer las necesarias garantías de solidez, estabilidad y seguridad y en su caso, de aislamiento o incombustión.

Las escaleras de mano simples no deben salvar más de 5 m a menos que estén reforzadas en su centro, estando prohibido su uso para alturas superioreś a 7 m.

Para alturas mayores de 7 m es obligatorio el empleo de escaleras susceptibles de ser fijadas sólidamente por su cabeza y su base y para su utilización es obligatorio el uso de *cinturón de seguridad*.

Las *escaleras de carro* deben estar provistas de barandillas y otros dispositivos que eviten las caídas.

Las *plataformas móviles* deben contar con pisos antideslizantes, con sistema de drenaje, empleándose dispositivos de seguridad que eviten su desplazamiento o caída.

En general, en operaciones de salvamento se utilizan *escaleras giratorias*, que pueden elevarse hasta una altura superior a los 30 m, mediante accionamiento mecánico.

Los vehículos que transportan los sistemas de extinción son de variados tipos.

Las *autobombas* tienen una bomba del tipo centrífugo que pueden proporcionar de 2000 a 4000 l/min o más.

Suelen contar con una bomba más pequeña, que toma el agua de un tanque en el mismo vehículo que contienen de 200 a 400 l y que alimentan una manga pequeña.

De esa manera, se dispone de un elemento que puede entrar en acción en forma inmediata, mientras se disponen de mangas mayores.

Una variantes es la *autobomba de salvamento*, similar a la anterior pero que dispone de una escalera de salvamento que puede girar cuando se encuentra desplegada hasta una altura de 20 m.

En la figura 6-XII se observa una unidad que tiene la particularidad de expulsar espuma o agua en forma simultánea para extinción en caudales variables según la necesidad.

Se incluye dos carretes con mangueras de goma.

Son adecuados para combatir incendios en destilerías y plantas petroquímicas.

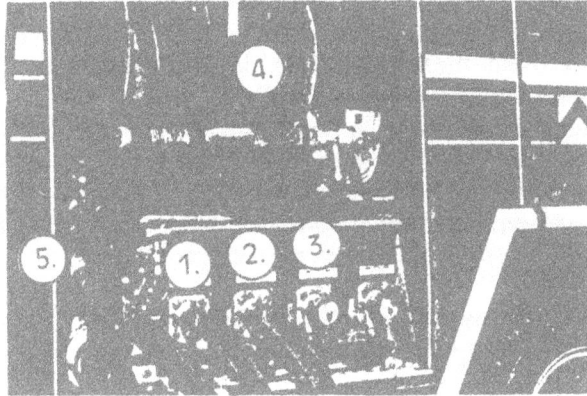

Referencias
1:      Espuma de baja expansión, dosificación desde
        3% a 6%.
2:      Espuma de media expansión,
        dosificación desde 3% a 6%.
3:      Expulsión para agua o espuma (a elección).
4:      Carretel con devanadera para agua/espuma.
5:      Bocas para alimentación.

Fig. 6-XII. Equipo para extinción de incendios

Se utilizan *tanques de agua* montados sobre vehículos con una bomba que se remolca o bien se encuentra en el mismo vehículo.

También se aplican vehículos más especializados que consisten en tanques de espuma, que llevan las mangas y los coches de control y comunicaciones.

En la figura 7-XII se observa la acción de una dotación de bomberos. Las escaleras se elevan por presión hidráulica y una plataforma giratoria permite la orientación en cualquier dirección. Se está utilizando una torre de agua para apagar las llamas en los pisos superiores, mientras que los bomberos actúan en la dirección del centro del incendio.

Fig. 7-XII. Acción de bomberos contra el fuego

Los vehículos con escaleras mecánicas constituye una combinación de medios como ser, bomba, mangueras, escaleras y tanque de agua. La longitud de las escaleras son desde 6 a 30 m construidas en tres o cuatro tramos con acero o aleación de aluminio, siendo extensibles y móviles, accionadas por medio del mismo motor del vehículo.

La forma de evacuación de las personas en emergencia es muy variada. La más común es empleando *escalas*, que pueden ser de cuerda trenzada en cáñamo o nylon en forma que se muestra en la figura 8-XII. El ancho de estas escalas es de 35 a 40 cm con peldaños de aluminio o eventualmente madera. La longitud es de 3 a 4 m, por lo que su uso es muy precario.

Fig. 8-XII. Escala

Otra forma es empleando *mangas* de evacuación construidas en tejido apropiado resistente al fuego y de cierta resistencia mecánica, para permitir el descenso suave de las personas en emergencia, por su interior. Se utiliza generalmente tejido de fibras de vidrio. En la figura 9-XII se muestra su aplicación.

Fig. 9-XII. Manga de evacuación

En caso de edificios de gran altura, uno de los medios de salvataje posible puede consistir en *helicópteros*. Por ello, en estos tipos de edificios es conveniente prever en la terraza una carga de cálculo que permita soportar el aterrizaje de los mismos

Sistema de organización para la extinción

La magnitud y característica de los sistemas organizativos para la extinción de incendios está condicionado a la envergadura del edificio y su riesgo de incendio.

La existencia de numerosos matafuegos en un edificio o la instalación de un sistema de extinción fijo, obliga a que sea indispensable la organización de un servicio de extinción.

La Reglamentación de la Ley de Higiene y Seguridad en el Trabajo establece que es responsabilidad del empleador la formación de unidades entrenadas para la lucha contra el fuego.

A tal efecto *debe capacitar a la totalidad o parte de su personal*, debiendo el mismo ser instruido en el manejo correcto de los distintos equipos contra incendios, planificándose además las medidas necesarias para el control de emergencias y evacuaciones.

Se exige *un registro* donde consten las distintas acciones proyectadas y la nómina del personal afectado a las mismas.

La intensidad del entrenamiento debe estar relacionada con los riesgos en cada lugar de trabajo y la autoridad competente puede exigir cuando lo crea conveniente, una demostración práctica sobre el estado y funcionamiento de los elementos de protección contra incendio.

El empleador que ejecute por sí el control periódico de recarga de gas y reparación de equipos contra incendios, debe llevar un registro de inspecciones y las tarjetas individuales por equipos que permitan verificar el correcto mantenimiento y condiciones de funcionamiento de los mismos.

Como referencia se resumen las normas establecidas por la Cámara de Aseguradores, en los casos de fábricas de gran envergadura o elevado riesgo de incendio, para la organización de un cuerpo de bomberos.

Normas de un cuerpo de bomberos de fábrica

Se determina que se debe contar con varias personas distribuidas por turno, *dedicados en forma exclusiva* a la tarea de bomberos, en un número que debe estar en función de la envergadura de la fábrica.

El cuerpo debe estar integrado además por *bomberos de fábrica* constituidos por operarios que han recibido una instrucción teórico-práctica y que en caso de incendio colaboran para le extinción.

El cuerpo de bomberos debe estar organizado por un Bombero Jefe, dedicado full time a su tarea, y jefes de grupos de acción.

Entre el personal del Cuerpo debe haber por lo menos un electricista y un cañista, que deben ser los encargados del suministro de agua y corte de la corriente eléctrica en los lugares de peligro, en caso de siniestro.

Tanto los bomberos exclusivos como los bomberos de fábrica deben estar perfectamente identificados en su vestimenta, y cuando el establecimiento no funcione, aún en el caso de huelgas o paros, debe quedar una guardia de hombres de la brigada.

Se debe contar con una *motobomba portátil* accionada por un motor a nafta de una capacidad y una presión adecuadas, para el caudal nominal máximo. La misma debe mantenerse en perfecto estado de conservación.

Debe contar con los implementos necesarios para tomar el agua de las cisternas o fuentes adicionales, así como también como para actuar como inyectora en la red de incendio de acuerdo a la circunstancia.

En un lugar estratégico del establecimiento debe instalarse el *Cuartel de Bomberos*, que debe ser equipado con los siguientes elementos:

- Matafuegos y carros extintores adicionales, en una proporción de por lo menos el 10% de las unidades extintoras correspondientes.
- Cascos, botas, sacos de cuero para la totalidad de la brigada y algunos trajes especiales para operar en altas temperaturas.
- Hachas, picos, linternas y faroles para actuar en caso de falta de luz.
- Mangueras de repuesto y lanzas de varios tipos, por ejemplo de chorro pleno, cortinas de agua, niebla, etc., así como también dosificadores de espuma tipo Venturi en caso de ser necesario.

- Escaleras para tener fácil acceso a los techos.
- Máscaras antigas para facilitar la respiración en atmósferas enrarecidas de gases tóxicos.

Se debe imprimir una *cartilla* donde figuren las nociones elementales de técnica y tácticas de ataque al fuego. Asimismo se deben establecer planes de ataque al fuego en los lugares más peligrosos e importantes del establecimiento, con indicación precisa de los puntos de concentración, desplazamiento, emplazamiento, tendido de líneas, etc., de los grupos de ataque que por otra parte deben responder a una única voz de mando.

En el cuartel, en lugar destacado debe colocarse un plano del establecimiento con todos los sectores de incendio perfectamente identificados, así como sus calles, accesos, lugares de riesgo específico, fuentes de agua, etc.

Debe efectuarse una instrucción del Cuerpo con clases teóricas y ejercicios prácticos para lograr una brigada disciplinada y eficiente.

El sistema de alarma debe lograr que la reunión de la brigada en el punto de concentración elegido se logre antes de los 2 minutos.

Seguros contra incendio

Estos seguros tienen como misión cubrir los riesgos originados por un incendio.

Es evidente los perjuicios que pueden provocar un incendio especialmente en edificios industriales o comerciales que puede incluso llevar a la destrucción total del mismo.

El tipo de edificio, la característica de los materiales, los sistemas de extinción y detección, el contenido, la carga de fuego, etc., son los factores determinantes de una prima de seguro contra incendio, *la que está en función directa del riesgo.*

Para la determinación de la tarifa debe analizarse el monto del capital a cubrir y la probabilidad del siniestro de acuerdo al riesgo.

A fin de reducir la prima las compañías de seguros realizan *rebajas* cuando se toman medidas de precaución adecuadas, sistemas de vigilancia, instalaciones de detección y extinción automáticas, etc.

Las Disposiciones Reglamentarias de la Cámara de Aseguradores establecen las características de esas rebajas.

En general los porcentajes de descuentos mayores, que pueden llegar al 50% del monto de la prima, son para instalaciones construidas en forma reglamentaria, con instalaciones fijas de extinción complementadas con baldes y matafuego.

Todas las rebajas deben ser actualizadas en un tiempo prudencial que se estima de 5 años.

PRIMEROS AUXILIOS

Los primeros auxilios consiste en la atención de urgencia que se efectúa sobre una persona accidentada, hasta que reciba el tratamiento médico pertinente.

La persona que suministra el tratamiento constituye el vínculo entre la víctima y el médico, por lo que el conocimiento y la premura de las medidas a aplicar, puede llegar a salvar la vida o mejorar su condición para un rápido restablecimiento.

Causas de accidentes en caso de incendios

La mayoría de los accidentes y casos fatales en caso de incendios se producen más que por quemaduras, por efecto de la inhalación de los gases tóxicos que se originan en los mismos.

Se puede mencionar entre otros:

- *Monóxido de carbono:* es un gas que se produce en la combustión de las substancias que contienen carbono, cuando la cantidad de oxígeno que interviene en el proceso es insuficiente.
  Es un gas que además de ser inflamable, es invisible, inodoro e insípido, lo que acentúa su peligrosidad, debido a que es difícilmente detectable por los sentidos.
  El monóxido de carbono es mortal porque la hemoglobina de la sangre que es la que transporta el oxígeno, tiene más afinidad con él y se combinan formando un compuesto que la inutiliza. La muerte se produce cuando se ha saturado más del 75% de la hemoglobina, lo que puede producirse en el caso de un incendio en pocos minutos.
- *Falta de oxígeno:* debido a que en lugares cerrados se suele consumir en el proceso de la combustión.
- *Gases irritantes:* la inhalación de gases como los anhidridos, aldeídos y ácidos, que pueden provocar edema bronquial y pulmonar debido a la hinchazón de los tejidos del cuerpo.
- *Anhidrido carbónico:* la aspiración de anhidrido carbónico en grandes proporciones puede originar una aceleración del ritmo respiratorio.
- *Gases tóxicos:* como los de cloro, cianógenos, óxidos de fosfeno y ácidos volátiles.
- *Vapores de hidrocarburos:* su inhalación puede originar la contracción insuficiente e irregular del corazón, lo que provoca la fibrilación ventricular.

Quemaduras

La quemadura es una lesión en los tejidos por la acción del calor en sus distintas formas como ser llama, calor radiante, etc., y por causas variadas.

Su intensidad depende de:

- Temperatura
- Tiempo de exposición
- Estado de la piel (región afectada, edad, etc.)

Según la intensidad se clasifican las quemaduras en:

- Primer grado (simple enrojecimiento)
- Segundo grado
- Tercer grado

Quemaduras de primer grado

Son lesiones superficiales que se caracterizan por el enrojecimiento más o menos intenso de la piel, no revistiendo gravedad.

En general son muy dolorosas pero no dejan cicatrices y con las medidas de primera ayuda, curan espontáneamente.

Quemaduras de segundo grado

Se caracterizan por el enrojecimiento intenso de la piel y la formación de *ampollas* que se deben a la destrucción de los tejidos ubicados inmediatamente debajo de la piel.

De esa manera los capilares, lesionados por el calor, originan la formación de suero sanguíneo.

Las quemaduras de segundo grado, con tratamiento adecuado, pueden también curar espontáneamente ya que las estructuras cutáneas en donde yacen las células madres de la piel, no están lesionadas.

En general este tipo de quemaduras casi no dejan cicatrices.

Quemaduras de tercer grado

Son quemaduras que destruyen la piel en toda su profundidad, incluso las células destinadas a regenerarlas.

Por lo tanto, esta clase de quemaduras nunca curan por ellas mismas sino que requieren un tratamiento quirúrgico.

Este tipo de lesiones, si no se tratan en forma adecuada, nunca llegan a cicatrizar, y se infectan. Cuando finalmente curan, dejan cicatrices enormes que necesitan la aplicación de injertos cutáneos por medio de cirugía plástica.

Los efectos de los incendios originan en general quemaduras graves de tercer grado, en las que se producen la destrucción de la piel, músculos, tendones, nervios, vasos sanguíneos y algunas veces incluso pedazos de huesos.

Son evidentemente de difícil tratamiento y a veces incluso requieren la amputación de la extremidad afectada.

Tratamiento de urgencia

En los tratamientos de urgencia debe tenerse en cuenta el grado de las quemaduras.

En las de *primer grado* basta generalmente con aplicar una pomada especial para quemaduras, que en lo posible tenga en su composición algún producto anestésico local.

De esa manera, se alivia el dolor y además se disminuye el peligro de infecciones posteriores.

En las de *segundo grado* se requiere un *tratamiendo médico*. Sin embargo, mientras éste no llega o si es imposible conseguirlo rápidamente, deben aplicarse las siguientes medidas:

* Cubrir el área con pomada especial para quemaduras, la cual debe siempre formar parte del *botiquín de urgencia*.
* Administrar al paciente todo el líquido que requiera, con lo cual se evita el peligro de *toxemia* o sea el envenenamiento de la sangre a causa de toxinas provocadas por descomposición de productos de la misma.
* *No se deben abrir ni puncionar las ampollas*, pues ello es origen de infección. Sólo en casos excepcionales si en el lugar que está localizada la ampolla produce molestias muy grandes, mediante un alfiler esterilizado se puede pinchar la ampolla inmediatamente por encima de su base, poniendo encima de la piel rápidamente una gasa estéril.

En caso de quemaduras profundas de *segundo grado*, los peligros que deben evitarse de inmediato son el shock y la infección.

Mientras el doctor llega puede efectuarse lo siguiente:

* Cortar y eliminar la ropa que cubre la quemadura.
* Mantener acostado al paciente con los pies ligeramente elevado del nivel del suelo.
* No intentar sacar la ropa pegada a la quemadura. En este caso debe cubrirse con una gasa esterilizada.

- Debido a la hinchazón de la región afectada, debe eliminarse anillos, brazaletes, pulseras, etc.
- Administrar todo el líquido que pueda tomar.

En las quemaduras de *tercer grado* es casi constante que aparezcan *shock*.

Durante el shock se origina la disminución de la circulación de la sangre.

El paciente se torna pálido, la presión sanguínea disminuye, el pulso se hace débil y a menudo se produce pérdida de conciencia.

El tratamiento inmediato del shock consiste en tender al paciente y mantener la temperatura del cuerpo, sin permitir que ascienda demasiado.

Las piernas deben situarse más elevadas que el resto del cuerpo.

En cuanto al tratamiento de las heridas, pueden tenerse en cuenta las siguientes recomendaciones:

- No intentar aplicar tratamiento alguno en la región quemada. Lo único que puede hacerse es extraer de la misma todo material o suciedad que puedan existir, como ser restos quemados de ropa, etc.
- Debe cubrirse la región con gasa o con un pedazo limpio de tela.
- Administrar líquido por la boca en la mayor cantidad posible.
- Dar al paciente cualquier analgésico que se tenga a mano, informando al doctor de su administración.
- Adoptar los medios para transportar al paciente al hospital de inmediato.

Bibliografía recomendada

- *La protección contra incendios en la Construcción.* Ing. Bayón, Editores Técnicos Asociados S.A., Barcelona, España, 1978.
- *Comprobación de la Seguridad ante el fuego de las estructuras metálicas de edificación.* Kollbrunner-Boué, Instituto Torroja de la Construcción y del Cemento, Madrid, España, 1972.
- Reglamentación de la Ley de Higiene y Seguridad en el Trabajo Nº 19.587.
- *Desarrollo de sistemas de protección contra el fuego y explosiones.* Dinko Tuhtar, Ed. Paraninfo, 1990.
- *Manual de Bomberos.* Superintendencia de Bomberos. Editorial Policial.
- *Manual de Instalaciones contra incendios.* Octavio Blanes, Ediciones CEAC, Barcelona, España, 1980.
- *Manual para la protección contra incendios*, Siemens.
- Código Municipal de la Ciudad de Buenos Aires.
- Disposiciones Reglamentarias sobre construcción de puertas, ventanas y postigos de protección. Cámara de Aseguradores, 1976.
- Reglamento para Instalaciones contra Incendio a base de hidrantes y/o extintores portátiles y cuerpo de bomberos de fábrica. Cámara de Aseguradores, 1979.
- Reglamento para instalaciones de anhidrido carbónico. Cámara de Aseguradores, 1963.
- Reglamento para instalaciones de rociadores. Cámara de Aseguradores, 1977.
- Reglamento para instalaciones de espuma mecánica de tanques de almacenamiento de líquidos combustibles, 1976.
- Reglamentación para rociadores automáticos en subsuelo de edificios con estructura de hormigón armado, destinado a garage. Superintendencia de Bomberos.
- Normas IRAM sobre Instalaciones fijas contra incendio, sistemas de detección y alarma.
- Normas de Gas del Estado.
- Reglamentación de Instalaciones Eléctricas de la Asociación Electrotécnica Argentina.
- Reglamento de Obras Sanitarias de la Nación.
- Normas de detección VDS.

Publicaciones del autor

- *Instalaciones de Aire Acondicionado y calefacción.* Editorial Alsina.
- *Manual de cálculo de aire acondicionado y calefacción.* Editorial Alsina.
- *Instalaciones de gas.* Editorial Alsina.
- *Energía solar.* Editorial Alsina.
- *Instalaciones eléctricas en edificios.* Editorial Cesarini.
- *Instalaciones sanitarias.* Editorial Cesarini.

Esta edición se terminó de imprimir en el mes de julio de 2011
en Bibliográfika de Voros S. A., Bucarelli 1160, Buenos Aires.
www.bibliografika.com

www.ingramcontent.com/pod-product-compliance
Lightning Source LLC
Chambersburg PA
CBHW080609270326
41928CB00016B/2981

9789505530403